PS图形图像设计制作

PHOTOSHOP GRAPHICS DESIGN

高等职业院校艺术设计专业规划教材

主　编：陆斐然　张　蒙
副主编：印玲玲　陆晓艺　华建俊
合作编写：Shuudesign设计工作室
　　　　　泓源文化传播有限公司

江苏凤凰美术出版社

图书在版编目（CIP）数据

PS图形图像设计制作 / 陆斐然，张蒙主编. -- 2版. -- 南京：江苏凤凰美术出版社，2020.1
ISBN 978-7-5580-6885-0

Ⅰ.①P… Ⅱ.①陆…②张… Ⅲ.①图象处理软件—教材 Ⅳ.①TP391.413

中国版本图书馆CIP数据核字（2020）第006637号

责任编辑　韩　冰
装帧设计　曲闵民
责任监印　张宇华

书　　名	PS图形图像设计制作	
主　　编	陆斐然　张　蒙	
出版发行	江苏凤凰美术出版社（南京市中央路165号　邮编：210009）	
出版社网址	http://www.jsmscbs.com.cn	
制　　版	南京新华丰制版有限公司	
印　　刷	合肥精艺印刷有限公司	
开　　本	787mm×1092mm　1/16	
印　　张	7.5	
版　　次	2020年1月第2版　2020年1月第1次印刷	
标准书号	ISBN 978-7-5580-6885-0	
定　　价	45.00元	

营销部电话　025-68155790　营销部地址　南京市中央路165号
江苏凤凰美术出版社图书凡印装错误可向承印厂调换

（本书相关资料扫描封底微信号可查）

前言

《PS图形图像设计制作》作为一门艺术设计专业的专业基础课程，主要培养学生使用计算机软件Photoshop进行辅助设计的能力，使学生掌握图像处理的方法和技巧，以适应广告设计单位及相关企事业单位专业设计部门的工作需要。

目前已出版的不少同类型教材多以介绍软件命令的用法为主。编写内容、实例练习均围绕软件某个命令使用设计。本教材在课程结构和内容编排上，在简明扼要介绍相关理论知识的基础上，以项目案例设计教学为主导，以实际应用性为原则，力求做到少理论灌输、多技能操作。案例教学简明扼要、循序渐进。以适应根据社会对艺术设计实用人才的需求，有意识的加强针对性和实用性，以应用为目的，以必需、够用为度。

全书通过5个模块的内容贯穿"知识能力""专项能力""综合能力"的训练。各模块内容循序渐进，既有关联又可相对独立。

1）基础知识介绍模块：本模块主要介绍Photoshop基础知识，包括Photoshop命令菜单栏、像素概念等。

2）图形图像设计制作模块：通过案例项目的制作，学习书籍封面、字体设计、图标设计制作等平面设计师所涉及的相关内容。

3）数字相片处理模块：通过案例项目的制作，学习数码相片处理中初级图像合成、老照片的修复、黑白照片的上色，及图像的色泽、色阶、锐化处理等基本能力。

4）平面创意设计模块：以在教学过程中指导学生比赛获奖的案例来进行讲解。使学生了解平面创意设计，从构思到运用各种手法收集素材，到Photoshop软件进行后期制作处理的过程。学习了解平面创意设计的相关流程。

5）综合运用模块：在前面几个模块技能学习的基础上，通过拓展性案例项目的学习，了解掌握Photoshop在宣传页设计、包装设计、效果表现等方面的运用。

本书作者根据多年的社会实践及教学经验编写了此书。每个模块都有相应的实训目标、知识点、技术点和实训项目，使学生在学习软件的过程中知道如何把软件应用到相关专业项目中去。本书在编写过程中得到许多同行和热心人以及江苏美术出版社同仁的帮助，他们提出了很多中肯的意见，在此表示感谢！

由于编者水平有限，书中难免有不当之处，请读者批评指正。

编者
2015年2月

第1模块　PS基础知识介绍

2　　1.1　Potoshop基础知识介绍（一）
　　　1.1.1　Photoshop简介
　　　1.1.2　像素的概念、像素图象与矢量图形的区别
　　　1.1.3　分辨率

6　　1.2　Potoshop基础知识介绍（二）
　　　1.2.1　PS工作区
　　　1.2.2　菜单概览
　　　1.2.3　工具箱
　　　1.2.4　图层
　　　1.2.5　路径
　　　1.2.6　色彩模式
　　　1.2.7　通道
　　　1.2.8　文件格式

第2模块　PS图形图像设计制作

26　　2.1　CD封套设计
　　　2.1.1　CD唱片封套设计
　　　2.1.2　绘线工具
　　　2.1.3　辅助线的设置
　　　2.1.4　创建选区、描边

32　　2.2　杂志封面设计
　　　2.2.1　杂志封面设计
　　　2.2.2　魔术棒工具
　　　2.2.3　复制入的方法
　　　2.2.4　水平同图层复制

38　　2.3　书籍封面设计
　　　2.3.1　书籍封面设计
　　　2.3.2　自由变换工具
　　　2.3.3　图层透明度应用

	2.4 水晶图标表现
46	2.4.1 图标设计
	2.4.2 渐变工具
	2.4.3 形状绘制

第3模块　PS数字照片图像处理

	3.1 破旧照片修复
52	3.1.1 橡皮图章
	3.1.2 修复工具

	3.2 黑白照片彩色化
56	3.2.1 画笔工具
	3.2.2 图层混合模式

	3.3 照片美容艺术化处理
60	3.3.1 模糊滤镜
	3.3.2 图层混合模式

	3.4 照片图像合成制作
64	3.4.1 图像合成
	3.4.2 套索工具
	3.4.3 图层渐变映射功能

第4模块　PS平面创意设计

	4.1 "苏信"读书节标志设计
74	4.1.1 标志设计
	4.1.2 路径工具
	4.1.3 形状图层与像素图层的转换

78　4.2　贺卡设计
　　4.2.1　贺卡设计
　　4.2.2　文字工具
　　4.2.3　路径文字

82　4.3　"锡游记"插图上色
　　4.3.1　插画设计
　　4.3.2　画笔工具
　　4.3.3　取色工具

86　4.4　马年挂历设计
　　4.4.1　挂历设计
　　4.4.2　填充工具
　　4.4.3　肌理效果

第5模块　PS综合运用

90　5.1　"长江门窗"宣传折页设计
　　5.1.1　宣传折页设计
　　5.1.2　过滤器
　　5.1.3　出血线的设置

96　5.2　"新疆红枣"包装设计效果表现
　　5.2.1　包装设计
　　5.2.2　钢笔路径工具

102　5.3　产品效果表现
　　5.3.1　产品效果图
　　5.3.2　置将路径转换为选区边界

106　5.4　海报设计
　　5.4.1　海报设计
　　5.4.2　图层样式
　　5.4.3　常用的图层混合模式

参考书目

课程描述表

章节		课程内容		课时
基础模块	模块一 PS基础知识介绍	1.1 基础知识介绍（一）	1. Photoshop配套系统 2. 像素的概念	1学时
		1.2 基础知识介绍（二）	Photoshop的菜单概览 Photoshop工具箱 Photoshop图层介绍 Photoshop通道介绍 Photoshop路径介绍 Photoshop色彩模式介绍 Photoshop输出格式介绍	3学时
专业模块	模块二 PS图形图像设计制作	2.1 CD封套设计制作		16学时
		2.2 杂志封面设计制作		
		2.3 书籍封面设计制作		
		2.4 水晶图标设计制作		
	模块三 PS数字照片图像处理	3.1 破旧照片修复		12学时
		3.2 黑白照片彩色化		
		3.3 照片美容艺术化处理		
		3.4 照片图像合成处理		
	模块四 PS平面创意设计	4.1 "苏信读书节"标志设计		12学时
		4.2 新年贺卡设计		
		4.3 "锡游记"插画上色		
		4.4 马年挂历设计		
综合模块	模块五 PS综合运用	5.1 宣传单页设计		20学时
		5.2 包装设计		
		5.3 汽车效果表现		
		5.4 海报设计		

第 1 模块　PS 基础知识介绍

1.1 Potoshop基础知识介绍（一）

实训目标：
通过学习，使学生了解photoshop软件配套安装系统要求和位图图像与矢量图像的概念。

实训时间：
1课时。

实训要求：
了解Potoshop的应用特点，重点在图像像素概念的理解。为以后的课程进一步打好基础。

知识延伸：
photoshop主要功能介绍，可参考查阅https://www.adobe.com/cn

1.1.1 Photoshop简介

Adobe Photoshop,简称"PS",是由Adobe公司开发的图像处理软件。Photoshop主要处理以像素所构成的数字图像。使用其众多的编修与绘图工具,可以有效地进行图片编辑工作。ps有很多功能,在图像、图形、文字、视频、出版等各方面都有涉及。

1987年,设计师托马斯·诺尔在写他博士论文时,发现当时的苹果计算机无法显示带灰度的图像,因此他自己写了一个程序Display;而他兄弟约翰·诺尔这时在导演乔治·卢卡斯的电影特殊效果制作公司Industry Light Magic工作,对托马斯的程序很感兴趣。两兄弟在此后的一年多把Display不断修改为功能更为强大的图像编辑程序,经过多次改名后,在一个展会上接受了一个参展观众的建议,把程序改名为Photoshop。最终他们找到了Adobe的艺术总监Russell Brown。于是,在Adobe公司的支持下,Photoshop这一划时代的图形图像处理软件诞生了。

在20世纪90年代初美国的印刷工业发生了比较大的变化,印前(pre-press)电脑化开始普及。Photoshop在版本2.0增加的CMYK功能使得印刷厂开始把分色任务交给用户,一个新的行业桌上印刷(Desktop Publishing-DTP)由此产生。从1990年到今天已经有24年的历史,从最初发布的Photoshop 1.0.7到2013年发布的最新版Photoshop CC,对系统的要求也是不断提升。目前,Photoshop支持Windows系统和MAC OS系统。(图1-1)

对系统的要求如下:

WINDOWS系统

INTEL PENTIUM 4 或 AMD ATHLON 64 处理器(2GHZ或更快)

图1-1 Photoshop CC

MICROSOFT WINDOWS 7 SERVICE PACK 1或WINDOWS 8

目前绿化版不支持XP系统上运行,需要WIN7、WIN8系统(1GB内存);2.5GB的可用硬盘空间以进行安装;安装期间需要额外可用空间,无法安装在可移动储存设备上;1024×768 显示器(建议使用 1280×800),具有OPENGL2.0、16位色和512MB的显存(建议使用 1GB)。

MAC OS系统

多核心INTEL处理器,支持64位。MAC OS V10.7或V10.8,1GB内存,3.2GB可用硬盘空间以进行安装;安装期间需要额外可用空间;1024X768 显示器(建议使用1280×800),具有OPENGL 2.0、16位色和512MB的显存(建议使用1GB)。

目前我们可使用Photoshop CS6版本或更低一些的版本。可根据自己电脑设备的情况,选择合适的版本进行安装。

1.1.2 像素的概念、像素图象与矢量图形的区别

1）像素（Pixel）图：又称位图图像（在技术上也称作栅格图像）使用图片元素的矩形网格（像素）表现图像。每个像素都分配有特定的位置和颜色值。在处理位图图像时，所编辑的是像素，而不是对象或形状。像素（Pixel）是构成图像的最小单位，位图中的一个色块就是一个像素，且一个像素只显示一种颜色。位图图像是连续色调图像（如照片或数字绘画）最常用的电子媒介，因为它们可以更有效地表现阴影和颜色的细微层次。

2）矢量图：有时称作矢量形状或矢量对象,是由称作矢量的数学对象定义的直线和曲线构成的。矢量根据图像的几何特征对图像进行描述。通常无法提供生成照片的图像物性，一般用于工程持术绘图。如灯光的质量效果很难在一幅矢量图表现出来。

1.1.3 分辨率

分辨率（Resolution）是指单位面积内图像所包含像素的数目，通常用"像素/英寸"和"像素/厘米"表示。分辨率有很多种。如屏幕分辨率，扫描仪的分辨率，打印分辨率。图像尺寸与图像大小及分辨率的关系：如图像尺寸大，分辨率大，文件较大，所占内存大，电脑处理速度会慢，相反，任意一个因素减少，处理速度都会加快。

像素与分辨率是Photoshop中最常用的两个概念，它们的设置决定了文件的大小及图像的质量。分辨率的高低直接影响图像的效果，使用太低的分辨率会导致图像粗糙，在排版打印时图片会变得非常模糊；而使用较高的分辨率则会增加文件的大小，并降低图像的打印速度。修改图像的分辨率可以改变图像的精细程度。较低分辨率扫描或创建的图像，在Photoshop中提高图像的分辨率只能提高每单位图像中的像素数量，却不能提高图像的品质。把图像放大，我们可以看到许多一个个像马赛克般的小方块，这就是像素。（图1-2）

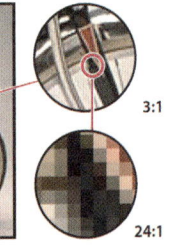

图1-2 像素图示

像素是组成图像最基本的单元。在图像文件中，每个像素都有特定的位置和颜色信息，许多不同的像素点按照一定的秩序排列起来，就组成了一副图像。像素与分辨率有关，像素的多少决定了一幅图像的大小和清晰度，图像越是清晰，单位面积上的像素就越多，分辨率就越高。分辨率用于显示一般为72PPI；用于打印不少于150PPI，用于印刷一般不低于300PPI。

课后练习：论述精度不同，尺寸相同的图象文件大小是否相同？

1.2 Potoshop基础知识介绍（二）

实训目标：
通过学习使学生熟悉Ps界面，菜单栏及工具栏图标，及软件常用的一些功能概念。

实训时间：
3课时。

实训要求：
了解Ps界面，菜单栏及工具栏图标。了解图层、通道、色彩模式、路径、文件格式等基本概念。

知识延伸：
photoshop主要功能介绍，可参考查阅https://www.adobe.com/cn

1.2.1 PS工作区

1.标题栏

标题栏位于Photoshop工作界面最上部的色条，左侧显示了Photoshop系统的标志和名称，右侧是三个按扭：最小化窗口 ▬ 、最大化窗口 ▢ 、关闭窗口 ✖ 。

2.菜单栏

菜单栏是Photoshop重要组成部分，根据图像处理的各种要求，将所有功能分类后，菜单栏一共有九个部分，分别是文件、编辑、图像、图层、文字、选择、滤镜、视图、窗口、帮助。（图1-3）

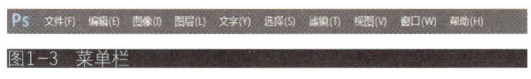

图1-3 菜单栏

每个菜单下面还包括"二级菜单"和"子菜单"。（图1-4）

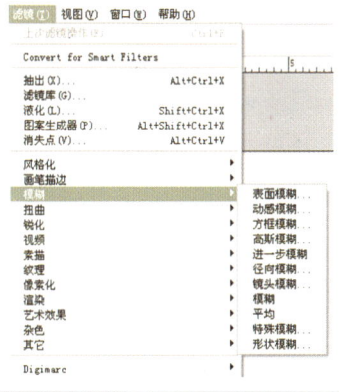

图1-4 二级菜单和子菜单

注：菜单中的命令有时呈现灰色，表示当前命令不可执行，需要满足一定条件后才能执行。

3.属性栏

位于菜单栏的下方，当在工具箱中选中某个工具时，工具属性栏会显示该工具的相应的属性设置选项，使用户更快速地选择和管理工具的各种操作。（图1-5）

图1-5 属性栏

4.工具箱

默认情况下，工具箱位于工作界面的左边，包括弹出式工具，总共50多个工具。（图1-6）

5.调板

又名浮动控制面板，位于窗口的右边，主要功能是帮助用户监控和修改图像，利用这些调板对图层、通道、色彩等进行操作，可以用菜单栏中的"窗口"命令来显示或隐藏调板。（图1-7）

图1-6 工具箱栏　　图1-7 调板

6.图像编辑区

图像编辑区是指界面中大片灰色区域，用于浏览、描绘和编辑等。

1.2.2 菜单概览

菜单栏一共有九个部分，分别是文件、编辑、图像、图层、文字、选择、滤镜、视图、窗口、帮助。点击每个部分都有下拉菜单，选择对应的选项进行操作。文件菜单一般是用于新建、打开、保存、打印文档的。另存为和保存副本命令可以使文件保存的格式输出到网络或多媒体程序中。保存为Web命令可以使文件保存后输出到互联网上。导入可以直接把从扫描仪、数码相机和视频捕获板中的图象数字化并输入到PS中。导出可以转化成GIF格式（用于Web图象）进行图象输出，还可以输出PS路径到Illustrators。自动可以批处理多个文件，一次性执行多种命令。（图1-8）

图1-8　菜单栏

编辑菜单中，可以对操作的步骤进行前进或者后退，也可以对画面进行编辑，比如填充颜色或者放大缩小等。在编辑中还有一个重要的功能就是对Photoshop软件进行环境预置。（图1-9）

图1-9　环境预置

图像菜单可以用来调整图像的色彩模式、颜色、图像大小等。该菜单还可用于网上或多媒体程序制作图象。（图1-10、图1-11）

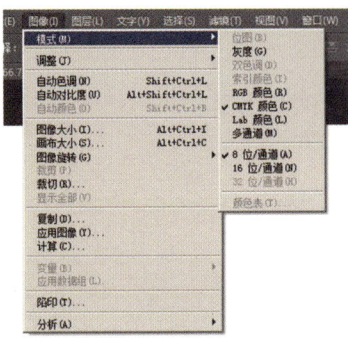

图1-10　图像菜单

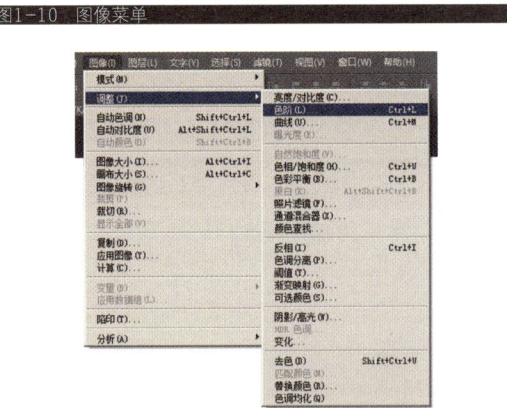

图1-11　图像菜单

图层菜单的主要功能是创建和调整图层。图层就像是一张任意调节的画纸。图层菜单中的一些命令可以在"图层面板"中找到。（图1-12）

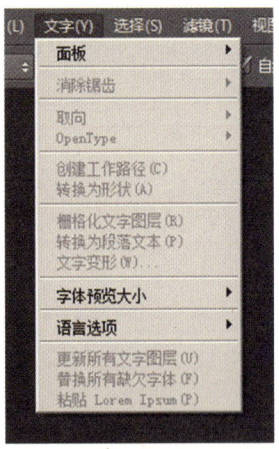

图1-12　图层菜单

文字菜单中可以调整输入的文字字体、大小、文章段落设置等，在字符和段落面板中可以找到相同的命令。（图1-13）

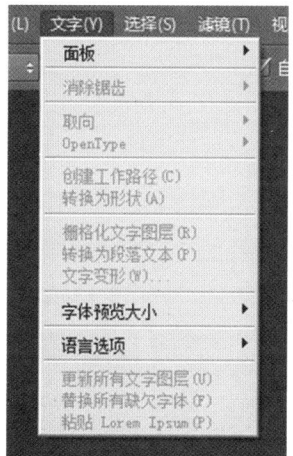

图1-13 文字菜单

选择菜单用于调整选区或选择整幅图象。如果修改图象的一部分，必须将该部分单独选择出来进行编辑。取消选择可以取消已选定的选区；重新选择用于重新选择图像上前一次所选区域；扩大选区用于扩大选区范围；反选用于反向选择之前选择之外的区域。修改用于对所选区域进行加边框、平滑、扩展或收缩处理；羽化可以使所选区边缘模糊化；变换选区可以通过鼠标的点击和拖动来缩放、旋转和斜切选区。（图1-14）

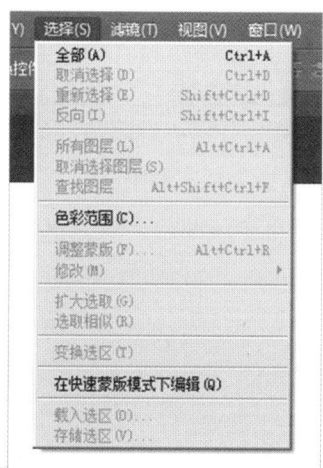

图1-14 选择菜单

滤镜菜单里的各类命令可以用于图像的艺术化处理，例如一些绘画效果和模拟相机镜头的效果，菜单命令如图1-15。

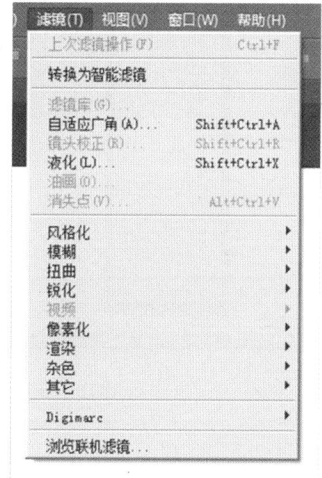

图1-15 滤镜菜单

视图菜单可以使文档放大、缩小或满画布显示，还可以选择显示或隐藏标尺、参考线和网格。（图1-16）

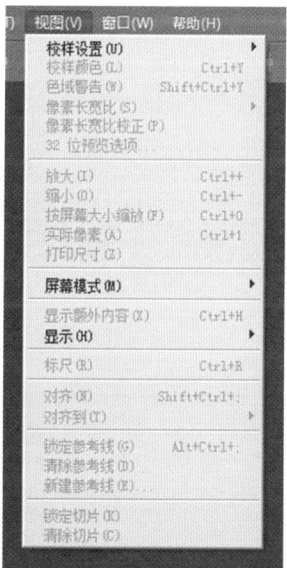

图1-16 视图菜单

窗口菜单用于打开或关闭PS中的各个浮动面板。常用的有图层、颜色、路径等。（图1-17）

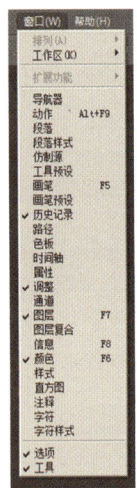

图1-17 窗口菜单

帮助菜单提供了PS中各种功能的解释,点击联机帮助即可。

1.2.3 工具箱

工具箱就像一个工具盒,在使用过程中可以根据需要来进行选择,请对照分解图1-18。

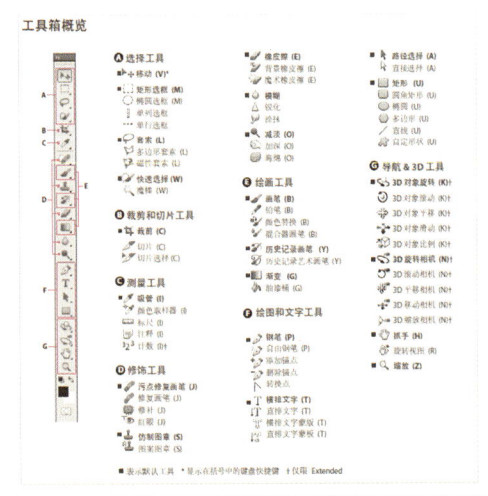

图1-18 工具箱概览

1)选择工具库

选框工具(快捷键M):主要功能是在文件中创建各种类型的规则选择区域,创建后,操作只在选框内进行,选框外不受任何影响。可建立矩形、椭圆、单行和单列选区。(图1-19)

套索工具(快捷键M):用于建立复杂的几何形状的选区。可建立手绘图、多边形(直边)和磁性(紧贴)选区。普通套索工具:用于建立自由形状的选区;多边形套索工具:用于建立直线型的多边型选择区域;磁性套索工具:自动捕捉物体的边缘以建立选区。(图1-20)

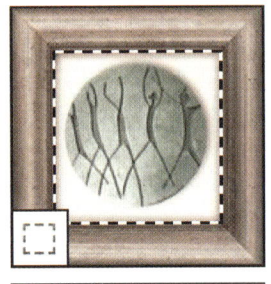 

图1-19 选框工具　　图1-20 套索工具

快速选择工具可让您使用可调整的圆形画笔笔尖快速"绘制"选区。(图1-21)

魔棒工具可选择着色相近的区域。(图1-22)

图1-21 快速选择工具　　图1-22 魔棒工具

2)裁剪和切片工具库

裁剪工具(快捷键C)可以将图像文件裁剪切割任意大小(图1-23)。切片工具可创建切片(图1-24)切片选择工具可选切片(图1-25)。

3)修饰工具库

污点修复画笔工具:用于快速移去照片中

的污点和其他不理想部分。（图1-26）

（图1-30）

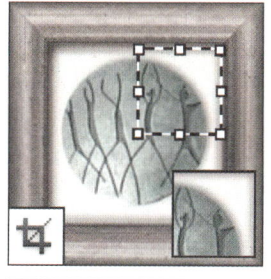
图1-23 裁剪工具

图1-24 切片工具

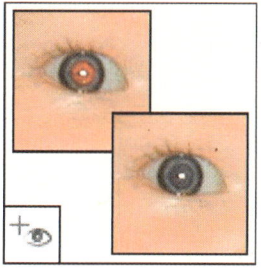
图1-29 红眼公演

图1-30 图章工具

图案图章工具可使用图像的一部分作为图案来绘画。（图1-31）

橡皮擦工具可抹除像素并将图像的局部恢复到以前存储的状态。（图1-32）

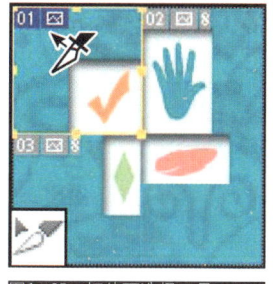
图1-25 切片可选择工具

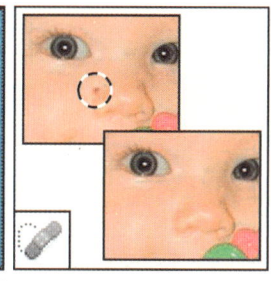
图1-26 修复画笔工具

修复画笔工具：用于矫正瑕疵，还可以使样本素材的纹理、光照、透明度等融合到图像的其他部分中。修复图像中不理想的部分。（图1-27）

修补工具：通过使用修补工具，可以用其他区域或图案中的像素来修复选中的区域。（图1-28）

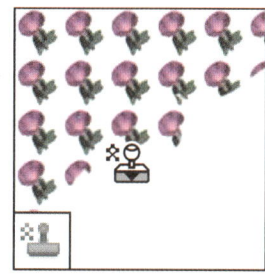
图1-31 图章工具

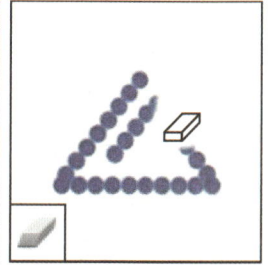
图1-32 橡皮擦工具

背景橡皮擦工具可通过拖动将区域擦抹为透明区域。（图1-33）

魔术橡皮擦工具只需单击一次即可将纯色区域擦抹为透明区域。（图1-34）

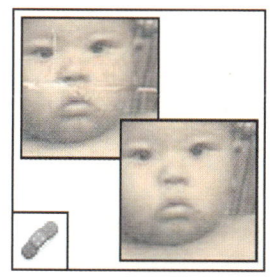
图1-27 修复画笔工具

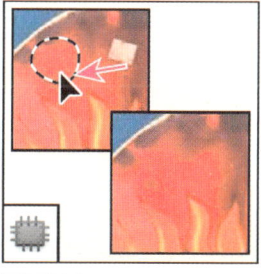
图1-28 修补工具

红眼工具：用于去掉照片中的红眼。可移去由闪光灯导致的红色反光。（图1-29）

内容感知和移动工具：这是PhotoshopCS6的新功能，能智能判断，用旁边的图像盖住选区中的图像。

仿制图章工具可利用图像的样本来绘画。

图1-33 背景橡皮擦工具

图1-34 魔术橡皮擦工具

模糊工具可对图像中的硬边缘进行模糊处理。（图1-35）

锐化工具可锐化图像中的柔边缘。（图1-36）

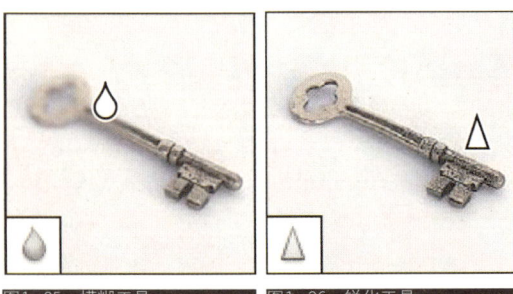

图1-35 模糊工具　　图1-36 锐化工具

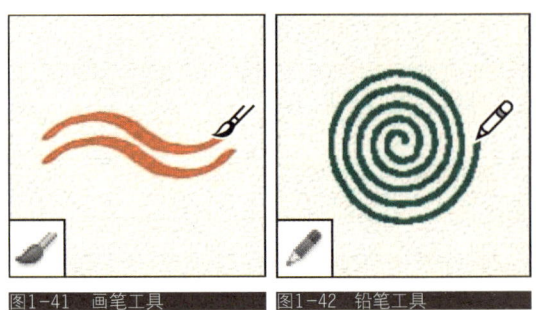

图1-41 画笔工具　　图1-42 铅笔工具

涂抹工具可涂抹图像中的数据。（图1-37）

减淡工具可使图像中的区域变亮。（图1-38）

颜色替换工具可将选定颜色替换为新颜色。（图1-43）

混合器画笔工具可模拟真实的绘画技术（如混合画布颜色和使用不同的绘画湿度）。（图1-44）

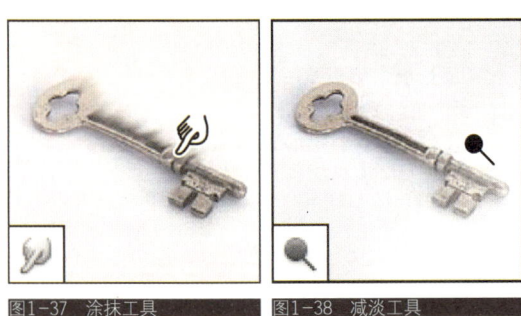

图1-37 涂抹工具　　图1-38 减淡工具

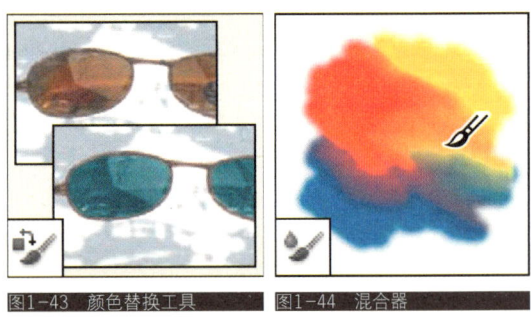

图1-43 颜色替换工具　　图1-44 混合器

加深工具可使图像中的区域变暗。（图1-39）

海绵工具可更改区域的颜色饱和度。（图1-40）

历史记录画笔工具可将选定状态或快照的副本绘制到当前图像窗口中。（图1-45）

历史记录艺术画笔工具可使用选定状态或快照，采用模拟不同绘画风格的风格化描边进行绘画。（图1-46）

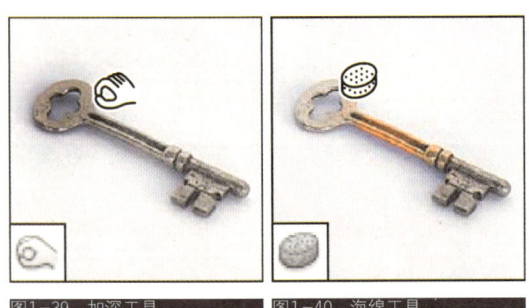

图1-39 加深工具　　图1-40 海绵工具

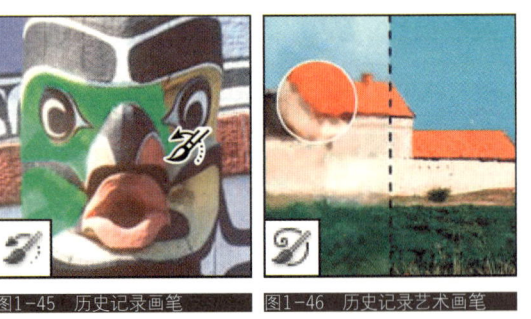

图1-45 历史记录画笔　　图1-46 历史记录艺术画笔

4）绘画工具库

画笔工具可绘制画笔描边。（图1-41）

铅笔工具可绘制硬边描边。（图1-42）

渐变工具可创建直线形、放射形、斜

角形、反射形和菱形的颜色混合效果。（图1-47）

油漆桶工具可使用前景色填充着色相近的区域。（图1-48）

形状工具和直线工具可在正常图层或形状图层中绘制形状和直线。（图1-53）

自定形状工具可创建从自定形状列表中选择的自定形状。（图1-54）

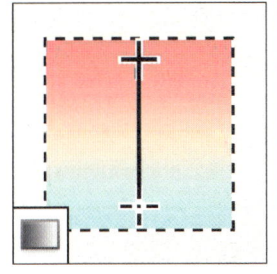

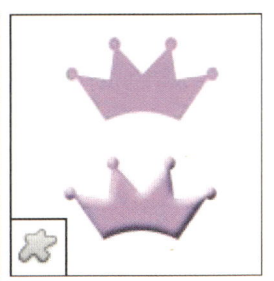

图1-47 渐变工具　　图1-48 油漆桶工具　　图1-53 形状工具　　图1-54 自定形状工具

5）绘图和文字工具库

路径选择工具可建立显示锚点、方向线和方向点的形状或线段选区。（图1-49）

文字工具可在图像上创建文字。（图1-50）

6）注释、测量和导航工具库

吸管工具可提取图像的色样。（图1-55）

颜色取样器工具最多显示四个区域的颜色值（图1-56）

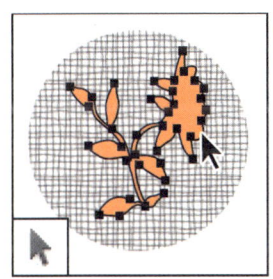

图1-49 路径选择工具　　图1-50 文字工具　　图1-55 吸管工具　　图1-56 颜色取样器工具

文字蒙版工具可创建文字形状的选区。（图1-51）

钢笔工具可让您绘制边缘平滑的路径。（图1-52）

标尺工具可测量距离、位置和角度。（图1-57）

抓手工具可在图像窗口内移动图像。（图1-58）

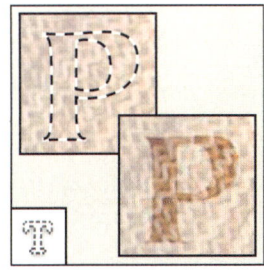
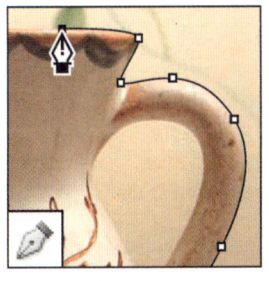
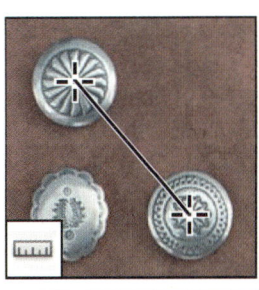

图1-51 文字蒙版工具　　图1-52 钢笔工具　　图1-57 标尺工具　　图1-58 抓手工具

缩放工具可放大和缩小图像的视图。（图1-59）

计数工具可统计图像中对象的个数(仅限Photoshop Extended)。（图1-60）

图1-63　图层

2.图层面板概述

"图层"面板列出了图像中的所有图层、图层组和图层效果。可以使用"图层"面板来显示和隐藏图层、创建新图层以及处理图层组。可以在"图层"面板菜单中访问其他命令和选项，如图1-64、图1-65所示。A.图层面板菜单、B.图层组、C.图层、D.展开/折叠图层效果、E.图层效果、F.图层缩览图。

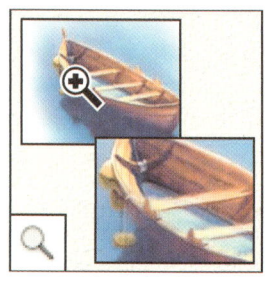
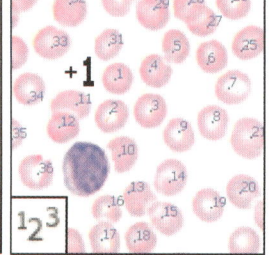

图1-59　缩放工具　　图1-60　计数工具

旋转视图工具可在不破坏原图像的前提下旋转画布。（图1-61）

注释工具可为图像添加注释。（图1-62）

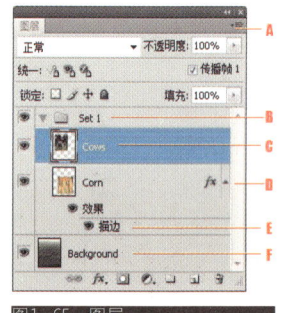

图1-64　图层　　图1-65　图层

3.使用图层创建图像（图1-66）

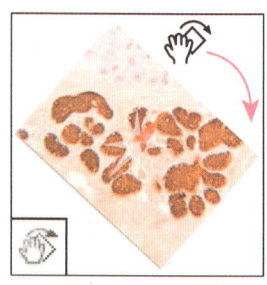

图1-61　旋转视图工具　　图1-62　注释工具

1.2.4　图层

1.图层介绍

Photoshop 图层就如同堆叠在一起的透明纸。可以透过图层的透明区域看到下面的图层。可以移动图层来定位图层上的内容，就像在堆栈中滑动透明纸一样。也可以更改图层的不透明度以使内容部分透明。通过更改图层的顺序和属性，可以改变图像的合成。另外，调整图层、填充图层和图层样式这样的特殊功能可用于创建复杂效果。（图1-63）

图1-66　图层创建的图像

1）在 Photoshop 中打开图像。

选取"文件">"打开",或者在文件浏览器中点按两次缩览图。默认情况下,应该显示"图层"调板。如果没有显示,请选取"窗口">"图层"。"图层"调板显示文档中的所有图层以及图层名称和各图层中图像的缩览图。（图1-67）

图1-67　打开图像

2）转换背景图层。

在"图层"调板中,双击"背景图层"。在"新建图层"对话框中,点按"确定"。通过将背景转换为常规图层,可以在此图层中使用透明度。点按图层上的眼睛图标,图标会消失,并且图层被隐藏。再次点按空白图标框,眼睛图标和图层的内容将会重新出现。（图1-68）

图1-68　转换背景图层

3）应用图层蒙版。

图层蒙版可以仅选择和显示要使用的图像部分,而不改变图像。比如要蒙住除画的圆形区域之外的所有图像部分,选择"椭圆选框"工具（在"矩形选框"工具中）。按住 Shift 键将选区限制为圆形,然后在图像上拖移出一个区域。在"图层"调板中,点按"添加图层蒙版"图标（"图层"调板底部）。（图1-69、图1-70）

图1-69　应用图层蒙版

图1-70　应用图层蒙版

4）添加描边效果。

点按"图层"调板底部的"添加图层样式"按钮,然后从菜单中选取"描边"。在

"图层样式"对话框中选取描边设置,包括描边的颜色、大小和位置。(图1-71)

图1-71　添加描边效果

5)创建新图层,并重新对图层进行排序。

点按"创建新的图层"按钮添加一个新图层。新图层将添加到当前图层的上部,并成为选中的图层。点按新图层并将其拖移到较低图层之下。点按工具箱上"前景色"色板,然后使用"拾色器"选择一种颜色。选择"油漆桶"工具(与"渐变"工具一起位于工具箱中),然后在图像中的任意位置点按来创建填充效果。(图1-72)

图1-72　创建新图层

6)添加文本图层。

选择"文本"工具,然后点按图像。在文本选项栏中,可以更改文本大小、字体、样式或颜色。在添加文本时,Photoshop 会自动将文本放在它自己的图层上,可以独立于图像的其余部分单独编辑它。若要移动文本,选择"移动"工具,然后拖移文本。(图1-73)

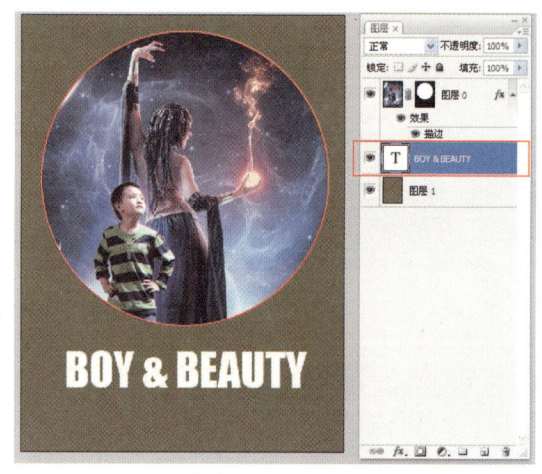

图1-73　添加文本涂层

7)向文本添加效果。

点按"添加图层样式"按钮,并从菜单中选择"颜色渐变"。可以在"图层样式"对话框中更改渐变颜色,再点击"斜面与浮雕"进行其他调整。

在"图层"调板中,图层效果显示在图层名称之下。通过点按图层效果旁边的眼睛图标,可以显示或隐藏图层效果。(图1-74、图1-75)

图1-74　添加涂层效果

图1-75 添加涂层效果

4.图层编组和栅格化

图层编组和取消图层编组

1.在"图层"面板中选择多个图层。

2.执行下列操作之一：

点击图层浮动面板右上黑三角，弹出命令菜单，选取"图层">"图层编组"。

在按住"Alt"键同时，拖动图层到"图层"面板底部的"文件夹"图标，以对这些图层进行编组。

3.要取消图层编组，请选择相应的组。点击图层浮动面板右上黑三角，弹出命令菜单，选取"图层">"取消图层编组"。（图1-76）

图1-76 取消图层编组

栅格化图层

在包含矢量数据（如文字图层、形状图层、矢量蒙版或智能对象）和生成的数据（如填充图层）的图层上，不能使用绘画工具或滤镜。但是，可以栅格化这些图层，将其内容转换为平面的光栅图像。选择要栅格化的图层，并选取"图层">"栅格化"，然后从子菜单中选取一个选项。（图1-77）

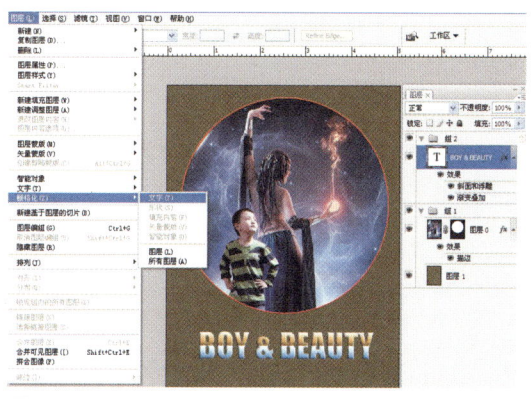

图1-77 栅格化图层

文字：栅格化文字图层上的文字。该操作不会栅格化图层上的任何其他矢量数据。

形状：栅格化形状图层。

填充内容：栅格化形状图层的填充，同时保留矢量蒙版。

矢量蒙版：栅格化图层中的矢量蒙版，同时将其转换为图层蒙版。

智能对象：将智能对象转换为栅格图层。

视频：将当前视频帧栅格化为图像图层。

3D：（仅限 Extended）将 3D 数据的当前视图栅格化成平面栅格图层。

图层：栅格化选定图层上的所有矢量数据。

所有图层：栅格化包含矢量数据和生成的数据的所有图层。

注：要栅格化链接图层，请选择一个链接图层，然后选取"图层">"选择链接图层"，再栅格化选定的图层。

1.2.5 路径

在Photoshop中可以利用路径来绘制图形。路径由工具箱中的钢笔工具和形状工具创建，属于矢量图形，它独立于一个平面上，对其他的像素没有任何影响。路径可以是一个点、一条直线或一段曲线。如图1-78：A.曲线段；B.方向点；C.方向线；D.选中的锚点；E.未选中的锚点。

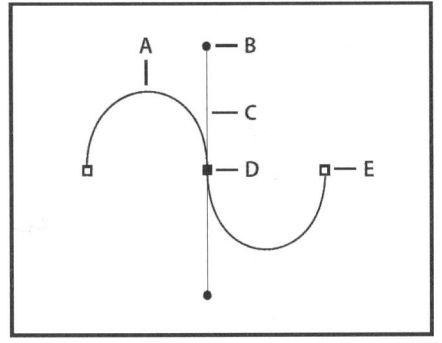

图1-78 路径

路径可以是闭合的，没有起点或终点（例如圆圈）；也可以是开放的，有明显的端点（例如波浪线）。平滑曲线由称为平滑点的锚点连接。锐化曲线路径由角点连接。（图1-79）

1.用钢笔工具创建路径

Photoshop 提供多种钢笔工具。标准钢笔工具可用于绘制具有最高精度的图像；自由钢笔工具可用于像使用铅笔在纸上绘图一样来绘制路径；磁性钢笔选项可用于绘制与图像中已定义区域的边缘对齐的路径。可以组合使用钢笔工具和形状工具以创建复杂的形状。

用钢笔工具绘制直线路径

使用"钢笔"工具可以绘制的最简单路径是直线，方法是通过单击"钢笔"工具创建两个锚点。继续单击可创建由角点连接的直线段组成的路径。（图1-80）

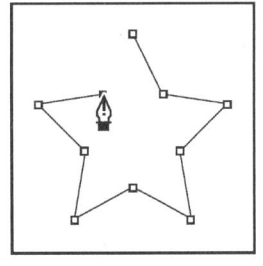 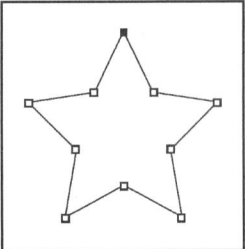

图1-80 钢笔工具绘制直线路径

1）选择钢笔工具。

2）将钢笔工具定位到所需的直线段起点并单击，以定义第一个锚点（不要拖动）。单击第二个锚点之前，绘制的第一个段将不可见（在 Photoshop 中选择"橡皮带"选项以预览路径段。）。此外，如果显示方向线，则表示意外拖动了钢笔工具，可选择"编辑">"还原"并再次单击。

3）再次单击希望段结束的位置（按Shift并单击以将段的角度限制为45度的倍数）。

4）继续单击以便为其它直线段设置锚点。最后添加的锚点总是显示为实心方形，表示已选中状态。当添加更多的锚点时，以前定

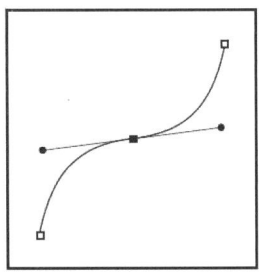 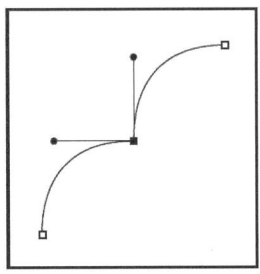 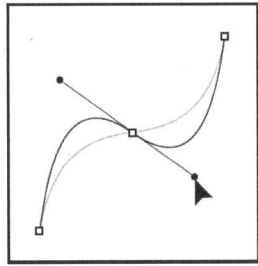 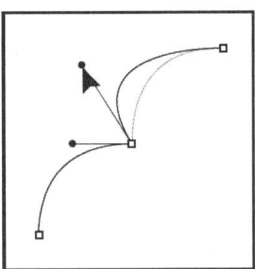

图1-79 路径

义的锚点会变成空心并被取消选择。

5）通过执行下列操作之一完成路径：要闭合路径，请将"钢笔"工具定位在第一个（空心）锚点上。如果放置的位置正确，钢笔工具指针旁将出现一个小圆圈。单击或拖动可闭合路径。要在 PS 中闭合路径，还可以选择该对象并选择"对象" > "路径" > "闭合路径"。若要保持路径开放，按住Ctrl键并单击远离所有对象的任何位置。

用钢笔工具绘制曲线路径

可以通过如下方式创建曲线：在曲线改变方向的位置添加一个锚点，然后拖动构成曲线形状的方向线。方向线的长度和斜度决定了曲线的形状。如果使用尽可能少的锚点拖动曲线，可更容易编辑曲线并且系统可更快速地显示和打印它们。使用过多点还会在曲线中造成不必要的凸起。请通过调整方向线长度和角度绘制间隔宽的锚点和练习设计曲线形状。

1）选择钢笔工具。

2）将钢笔工具定位到曲线的起点，并按住鼠标按钮。此时会出现第一个锚点，同时钢笔工具指针变为一个箭头（在Photoshop中，只有在开始拖动后，指针才会发生改变）

3）拖动以设置要创建的曲线段的斜度，然后松开鼠标按钮。一般而言，将方向线向计划绘制的下一个锚点延长约三分之一的距离（以后可调整方向线的一端或两端）。按住Shift 键可将工具限制为45度的倍数。如图1-81：A.定位"钢笔"工具；B.开始拖动（鼠标按钮按下）；C.拖动以延长方向线。

4）将"钢笔"工具定位到希望曲线段结束的位置，请执行以下操作之一：若要创建C形曲线，请向前一条方向线的相反方向拖动，然后松开鼠标按钮，绘制出曲线中的第二个点。如图1-82：A.开始拖动第二个平滑点；

B.向远离前一条方向线的方向拖动，创建C形曲线；C.松开鼠标按钮后的结果。

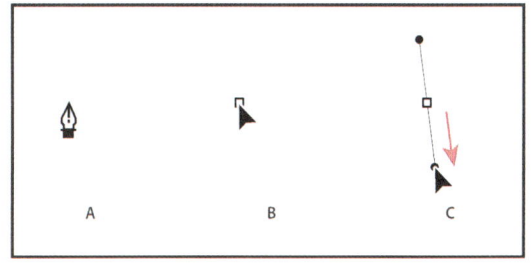

图1-81　钢笔工具创建曲线

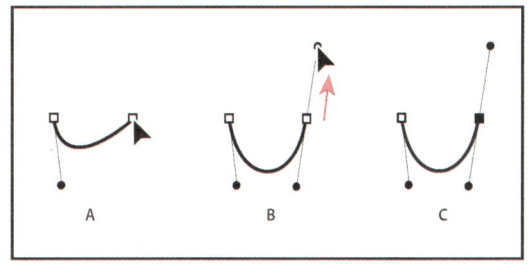

图1-82　钢笔工具创建C形曲线

若要创建 S 形曲线，请按照与前一条方向线相同的方向拖动。然后松开鼠标按钮。如图1-83：A.开始拖动新的平滑点；B.按照与前一条方向线相同的方向拖动，创建S形曲线；C.松开鼠标按钮后的结果。

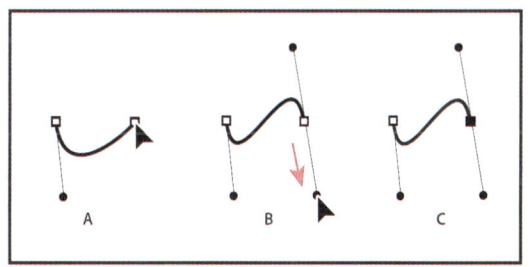

图1-83　钢笔工具创建S形曲线

若要急剧改变曲线的方向，请松开鼠标按钮，然后按住 Alt 键并沿曲线方向拖动方向点。松开Alt键以及鼠标按钮，将指针重新定位到曲线段的终点，并向相反方向拖移以完成曲线段。

5）继续从不同的位置拖动钢笔工具以创建一系列平滑曲线。请注意，您应将锚点放置在每条曲线的开头和结尾，而不是曲线的顶点。按Alt键并拖动方向线以中断锚点的方向线。

6）通过执行下列操作之一完成路径：要闭合路径，请将"钢笔"工具定位在第一个（空心）锚点上。如果放置的位置正确，钢笔工具指针旁将出现一个小圆圈。单击或拖动可闭合路径。要在InDesign中闭合路径，还可以选择该对象并选择"对象">"路径">"闭合路径"。若要保持路径开放，按住Ctrl键并单击远离所有对象的任何位置。

绘制由角点连接的两条曲线段

1）使用钢笔工具拖动以创建曲线段的第一个平滑点。

2）调整钢笔工具的位置并拖动以创建通过第二个平滑点的曲线，然后按住Alt键并将方向线向其相反一端拖动，以设置下一条曲线的斜度。松开键盘键和鼠标按钮。此过程通过拆分方向线将平滑点转换为角点。

3）将钢笔工具的位置调整到所需的第二条曲线段的终点，然后拖动一个新平滑点以完成第二条曲线段。如图1-84：A.拖动新的平滑点；B.拖动时按住Alt键以拆分方向线，并向上摆动方向线；C.调整位置及第三次拖动后的结果。

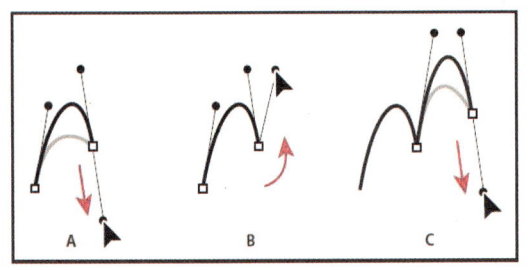

图1-84　绘制曲线段

2.选择路径

选择路径组件或路径段将显示选中部分的所有锚点，包括全部的方向线和方向点（如果选中的是曲线段）。方向点显示为实心圆，选中的锚点显示为实心方形，而未选中的锚点显示为空心方形。

1）要选择路径组件（包括形状图层中的形状），选择路径选择工具，并点按路径组件中的任何位置。如果路径由几个路径组件组成，则只有指针所指的路径组件被选中。

2）要选择路径段，请选择直接选择工具，并点按段上的某个锚点，或在段的一部分上拖移选框。（图1-85）

图1-85　选择路径

3）要选择其他的路径组件或段，就选择路径选择工具或直接选择工具，然后按住"Shift"键并选择其他的路径或段。

4）当选中直接选择工具时，按住"Alt"键并在路径内点按可以选择整条路径或路径组件。要在选中大多数其他工具的情况下启动直接选择工具，请将指针定位在锚点上，并按"Ctrl"键。

1.2.6　色彩模式

色彩模式是PS软件中的一个很重要的知识点，理解色彩模式要先了解关于色彩的一些知识。色彩具有基本的三个属性：色相（Hue），是指红、橙、黄、绿、蓝、紫等色彩分野，而黑、白以及各种灰色是属於无色系的；明度（Brightness），是指色彩的明暗程度；彩度（Saturation），是指色彩的纯度，

也可以称为色彩的饱和度。（图1-86、图1-87、图1-88）

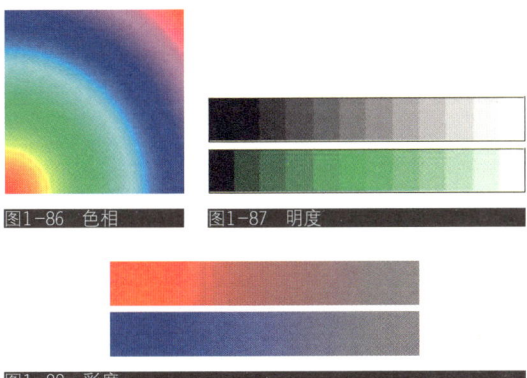

图1-86 色相
图1-87 明度
图1-88 彩度

PS色彩模式中最重要、使用最多的是RGB色彩模式和CMYK色彩模式。

RGB色彩模式：色光三原色 (R.G.B)

这种模式是屏幕显示的最佳模式，它由红色、绿色、蓝色组成，这三种基色按照从0到255的亮度值在每个色阶中分配，可以混合产生出多达 1670 万种颜色。

RGB颜色模式又称为加色模式，因为每叠加一次具有一定的红绿蓝亮度的颜色，其总亮度都有所增加，红、绿、蓝三色相加为白色。所有扫描仪、显示器、投影设备、电视、电影屏幕等都依赖于这种加色模式。但此模式的色彩超过了打印色彩的范围，会损失一些亮度和鲜明的色彩。（图1-89）

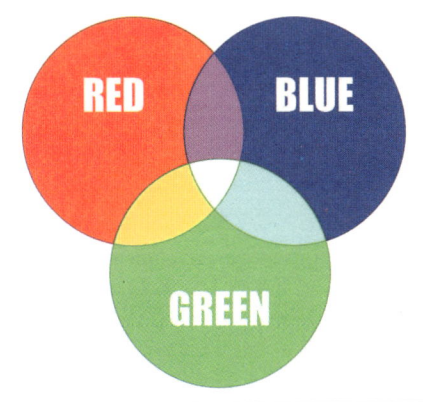

图1-89 三原色

CMYK色彩模式：印刷四原色 (C.M.Y.K)

印刷色彩由CMYK四色油墨产生，以打印在纸上的油墨的光线吸收特性为基础。是一种印刷模式，其四个字母C（青色）、M（洋红）、Y（黄色）、K（黑色），在印刷中代表4种颜色的油墨。青、洋红、黄、黑在混合成色时，随着四种成分的增多，反射到人眼中的光越来越少，光线的亮度越来越低，所以 CMYK 模式又被称为减色模式。在制作要用印刷色打印的图像时，应使用 CMYK 模式。（图1-90）

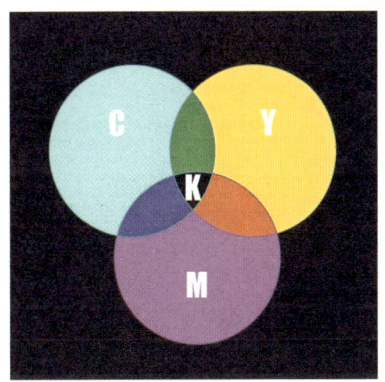

图1-90 印刷四原色

RGB色彩模式和CMYK色彩模式的颜色光谱是不一样的。一个颜色模式的可见颜色范围称为"光谱"。RGB色彩模式的光谱比CMYK色彩模式的要大，当用户超出了可打印颜色范围外。PS会给出一个含惊叹号的三角形，表示这种颜色超出了CMYK色彩光谱的范围。系统将会把它转化为一个最相近的打印颜色。（图1-91）

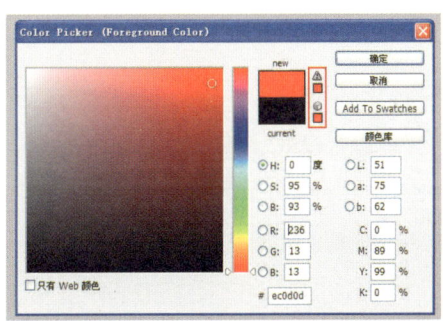

图1-91 颜色选择器

除此之外还有HSB色彩模式、LAB色彩模式、Bitmap模式、Grayscale模式、Duotone模式、定制颜色模式等模式。

Lab 颜色模式

Lab模式的原型是由CIE协会在1931年制定的一个衡量颜色的标准。Lab 模式是以一个介于 0 到 100 之间的明度分量 (L)和两个颜色分量a（绿色-红色轴）和 b（蓝色-黄色轴）来表示颜色的。a 分量和 b 分量的范围可从 +120 到 −120。在Photoshop使用的各种颜色模式中，Lab 颜色模式所包含的颜色范围最广。是不同颜色模式之间转换时使用的中间颜色模式。

灰度模式

该模式使用多达 256 级灰度。灰度图像中的每个像素都有一个 0（黑色）到 255（白色）之间的亮度值。灰度值也可以用黑色油墨覆盖的百分比来度量（0% 等于白色，100% 等于黑色）。

位图模式

该模式使用两种颜色（黑和白）来表示图像中的像素。因此此模式的图像文件所占磁盘空间最小。要将彩色模式转换为位图首先必须转换为灰度图才可实现。

双色调模式

该模式通过二至四种自定油墨创建单色调、双色调（两种颜色）、三色调（三种颜色）和四色调（四种颜色）的灰度图像。该模式的重要用途之一是使用尽量少的颜色表现尽量多的颜色层次。

索引颜色模式

索引颜色模式是网上和动画中常用的图像模式，用最多 256 种颜色生成 8 位图像文件。当转换为索引颜色时，Photoshop 将构建一个颜色查找表（CLUT），用以存放并索引图像中的颜色。这种模式下的图像质量不是很高，但它所占磁盘空间较少。

多通道模式

在多通道模式中，每个通道都使用 256 级灰度。进行特殊打印时，多通道图像十分有用。例如，图像中只使用了一二种或三种颜色时，多通道模式可以减少印刷成本并保证图像颜色的正常输出。

1.2.7 通道

通道在Photoshop中有比较广泛的应用，可以用来建立选区、调整色彩、制作各种图像特效等，还可以单独对某一通道进行各种图像调整、滤镜操作等。

1.通道介绍

通道是存储不同类型信息的灰度图像：

1）颜色信息通道是在打开新图像时自动创建的。图像的颜色模式决定了所创建的颜色通道的数目。例如，RGB 图像的每种颜色（红色、绿色和蓝色）都有一个通道，并且还有一个用于编辑图像的复合通道。

2）Alpha通道将选区存储为灰度图像。可以添加 Alpha 通道来创建和存储蒙版，这些蒙版用于处理或保护图像的某些部分。

3）专色通道指定用于专色油墨印刷的附加印版。

4）一个图像最多可有 56 个通道。通道所需的文件大小由通道中的像素信息决定。 某些文件格式（包括 TIFF 和 Photoshop 格式）将压缩通道信息并且可以节约空间。当从弹出式菜单中选取"文档大小"时，未压缩文件（包括 Alpha 通道和图层）的大小显示在窗口底部状态栏最右边。只有当以 Photoshop、PDF、PICT、

Pixar、TIFF 或 Raw 格式存储文件时，才会保留 Alpha 通道。其他格式存储文件可能会导致通道信息丢失。

2.通道调板

要显示"通道"调板，请选取"窗口">"通道"。"通道"调板可用于创建和管理通道。该调板列出图像中的所有通道，最先列出复合通道（对于 RGB、CMYK 和 Lab 图像）。通道内容的缩览图显示在通道名称的左侧；在编辑通道时会自动更新缩览图。如图1-92：A.颜色通道；B.专色通道；C.Alpha 通道。

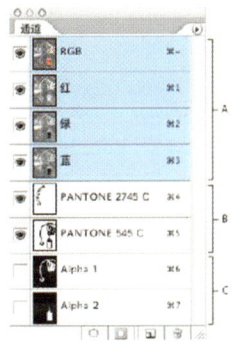

图1-92　通道调板

可以使用该调板来查看文档窗口中的任何通道组合。例如，可以同时查看Alpha通道和复合通道，观察Alpha通道中的更改与整幅图像是怎样的关系。各个通道以灰度显示。在RGB、CMYK或Lab图像中，可以看到用原色显示的各个通道（在Lab图像中，只有a和b通道是用原色显示）。当通道在图像中可见时，在调板中该通道的左侧将出现一个眼睛图标。在 Alpha 通道中选中的像素显示为白色；未选中的像素显示为黑色（部分选中的像素显示为灰色）。

3.选择和编辑通道

要选择一个通道，请点按通道名称。按住 Shift 键点按可选择（或取消选择）多个通道。要编辑某个通道，可使用绘画或编辑工具在图像中绘画。用白色绘画可以按100%的强度添加选中通道的颜色。用灰色值绘画可以按较低的强度添加通道的颜色。用黑色绘画可完全删除通道的颜色。如图1-93：A.不可见或不可编辑的通道；B.可见，但不能选择进行编辑的通道；C.可以选择进行查看和编辑的通道；D.可以选择进行编辑，但不能进行查看的通道。

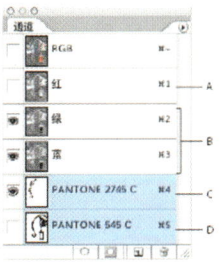

图1-93　选择和编辑通道

1.2.8　文件格式

文件格式是指电脑为了存储信息而使用的对信息的特殊编码方式，是用于识别内部储存的资料。比如有的储存图片，有的储存程序，有的储存文字信息。每一类信息，都可以一种或多种文件格式保存在电脑存储中。每一种文件格式通常会有一种或多种扩展名可以用来识别，但也可能没有扩展名。扩展名可以帮助应用程序识别的文件格式。以下列出在Photoshop软件中常用的图形文件格式。

1.PSD格式

PSD格式Photoshop默认文件格式。由于Adobe产品之间是紧密集成的，因此其他Adobe应用程序（如Adobe Illustrator、Adobe InDesign、Adobe Premiere、Adobe After Effects 和Adobe GoLive）可以直接导入PSD文件。

2.PDF格式

PDF是一种灵活、跨平台、跨应用程序的便携文件格式。基于PostScript成型，PDF文件能精确地显示并保留字体、页面版式以及矢量和位图图形。另外，PDF文件还可以包含电子文档搜索和导航功能，并支持16位通道图像。

3.JPEG格式

JPEG 格式支持 CMYK、RGB 和灰度颜色模式，但不支持 Alpha 通道。JPEG 保留 RGB 图像中的所有颜色信息，但通过有选择地扔掉数据来压缩文件大小。JPEG 图像在打开时自动解压缩。压缩级别越高，得到的图像品质越低；压缩级别越低，得到的图像品质越高。在大多数情况下，"最佳"品质选项产生的结果与原图像几乎无分别。

4.BMP格式

BMP是标准Windows图像格式。支持RGB、索引颜色、灰度和位图颜色模式。对于使用Windows 格式的4位和8位图像，还可以指定RLE压缩。

5.GIF格式

GIF格式是在World Wide Web及其他联机服务上常用的一种图形交换文件格式，用于显示HTML文档中的索引颜色图形和图像。是一种用LZW压缩的格式，目的在于最小化文件大小和电子传输时间。

6.TIFF格式

TIFF格式用于在应用程序和计算机平台之间进行文件交换的标记图像格式。是一种灵活的位图图像格式，所有绘画、图像编辑和页面排版应用程序均支持。支持具有Alpha通道的 CMYK、RGB、Lab、索引颜色和灰度图像。Photoshop 可以在TIFF文件中存储图层。

课后练习：工具自由绘画练习，熟悉ps界面，熟悉画笔工具。

第2模块　　PS图形图像设计制作

2.1 CD封套设计

实训目标：
了解CD唱片封套设计的基本形式和软件操作方法，通过课程学习使学生掌握创建选区、填色、删除色块、描边等工具的使用。

实训时间：
4课时。

实训要求：
了解CD唱片封套设计的基本形式。掌握辅助线的设置、填充及描边等基本工具的使用。

知识延伸：
参考查阅http://jpkc.jsit.edu.cn/ec2006/C77/default.aspx

2.1.1 CD唱片封套设计

CD唱片封套设计包含了多重的设计元素，如字体设计、图形（标志）设计、插图、摄影、版式设计等等。是音乐文化在视觉艺术上的体现。CD唱片封套设计既有艺术性也具备商业消费文化的诉求，极具个性魅力。

2.1.2 绘线工具

绘线工具有直线绘制工具、矩形绘制工具、圆角矩形绘制工具、椭圆绘制工具、多边形绘制工具和自定形状绘制工具，其中直线绘制工具是着色技术中最基本的使用工具。绘制过程中要注意以下三点：

1. 绘制直线可通过调节像素值的大小来调节线的粗细。

2. 绘制直线时，按住键盘上shift键可绘制水平、垂直线或45度线。

3. 可以以形状形式、路径形式、像素形式创建线条。当以形状形式创建线条时，PS会自动创建一个形状图层，包含线条的路径及线条的填充色素，当以路径形式创建线条时，PS仅会创建线条的路径，而当以象素形式创建线条时，PS只会填充线条色素。（图2-1、图2-2）

2.1.3 辅助线的设置

PS中的辅助线，可在作图需要时，用于观察图形的对比情况，有时需要用来辅助构图，划分出各个区域。可用以下方法设置：点击菜单栏"视图">"标尺"（ctrl+R），画面显示标尺后，可以直接用鼠标左键按住刻度线拖到想要的位置，辅助线的距离可以参考标尺（放大会准确些），可以直接用选择工具移动辅助线，也可以点击菜单栏"视图">"锁定参考线"避免无意中移动辅助线。

2.1.4 创建选区、描边

选区是ps中最基本的操作，也是最重要的操作。它可以将所需要处理的部分从所需要处理的图中选出来进行单独处理。也可将某一部分选中进行编辑，如删除、填充、移动、缩放、改变颜色、执行滤镜特效等，所有这些命令只对做出的选区起作用，而没有选区的情况下，这些命令就对整个图层起作用。可通过工具栏上的矩形选区和套索、魔术棒工具创建选区。

另外，在使用ps软件编辑图片文件时，描边选区也是比较常用的一种操作。所谓描边选区，就是沿着选区的边缘使用画笔工具或者其他工具进行描画，为选区的边缘添加各种颜色的一种操作。可点击菜单栏"编辑">"描边"进行。

实训项目：CD封套设计（效果如图2-3）

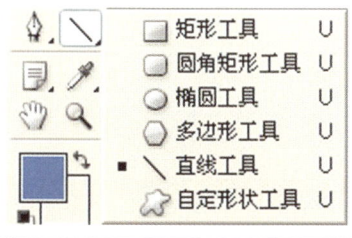

图2-1 绘线工具

图2-2 绘线工具

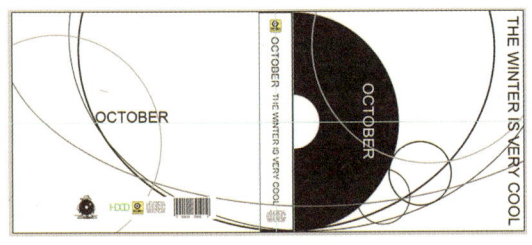

图2-3 CD封套设计效果图

子任务一：文件尺寸及标尺辅助线的设置

知识要点： 文件分辨率的设置，标尺的设置，辅助线的建立与删除

1. 点击菜单栏"文件">"新建"（或快捷键ctrl+N）。新建文件取名"CD封套"，设置文件尺寸大小为29cm×12cm，分辨率120dpi。（图2-4）

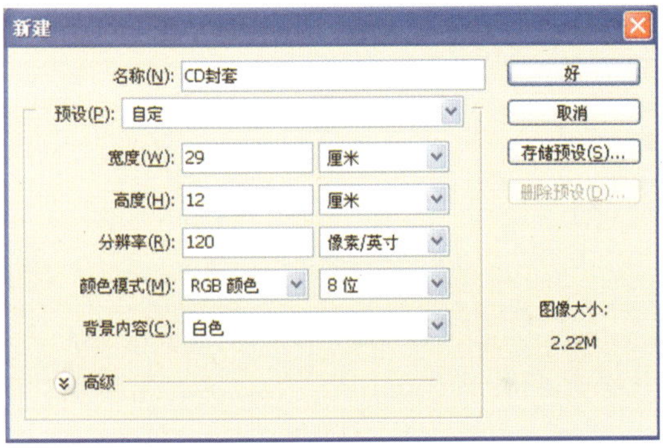

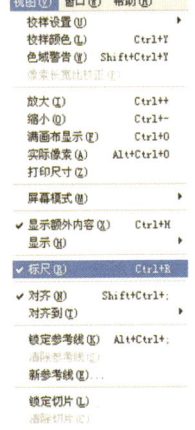

图2-4 文件尺寸设置

2. 点击菜单栏"视图">"显示标尺"。（图2-5）

图2-5 标尺设置

3. 在工具箱上，选择"移动"工具，移到标尺区点击鼠标并拖动，参考标尺位置，拉出辅助线。横线为上下平分，竖线居中，间隔1cm。（图2-6）

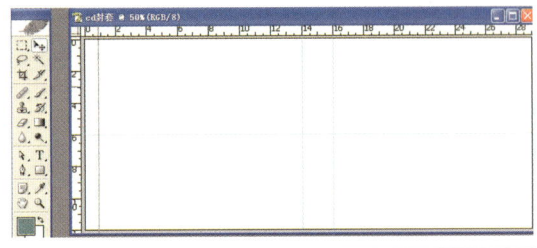

图2-6 标尺辅助线的设置

子任务二：CD唱片封套底图设计制作

知识要点： 正比例绘圆，圆心的确定，描边命令的使用

4. 在工具箱上选择"椭圆选框"工具，以右辅助竖线与横辅助线交叉点为中心，按住"alt"键和"shift"键并拖动鼠标创建选区。

5. 点击"调色板"工具，设置前景色为黑色。点击菜单栏"编辑">"填充"。填充前景色黑色。（图2-7）

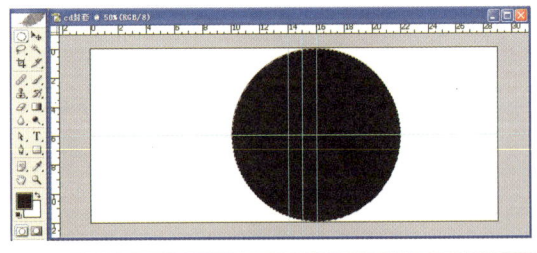

图2-7 填充前景色

6. 在工具箱上点选"椭圆选框"工具，以右边一条绿色辅助竖线与横向辅助线的交叉点为中心，按住"alt"键和"shift"键并拖动鼠标创建小的圆形选区，按键盘上"Delete"键，删除黑色。（图2-8）

7. 在工具箱上点选"矩形选框"工具，选择左半个黑圆，按键盘上"Delete"键，删除黑色。（图2-9）

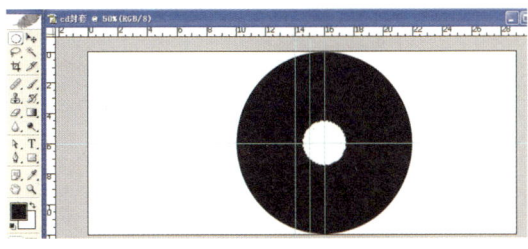

图2-8 创建小圆形选区

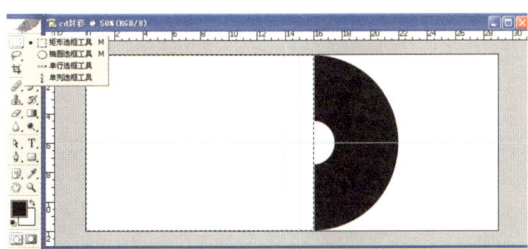

图2-9 删除左半个黑圆

8．使用矩形选框工具建立如图选区，点击菜单栏"编辑"＞"描边"，进行描边（图2-10）。设置宽度为3像素，居内（图2-11）。

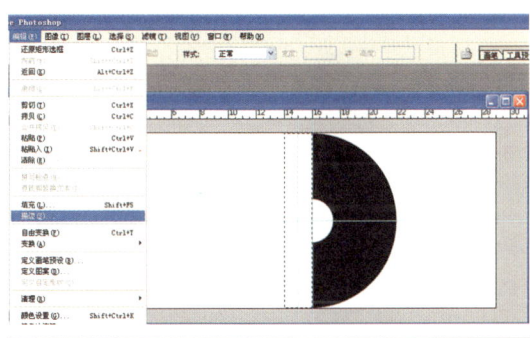

图2-10 描边

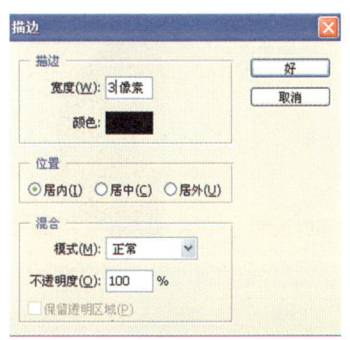

图2-11 设置像素

注：描边宽度设置最大像素值为16像素

9．在工具箱上点选"椭圆选框"工具建立如图选区，点击菜单栏"编辑"＞"描边"。设置宽度为5像素，居内，进行描边（图2-12）。

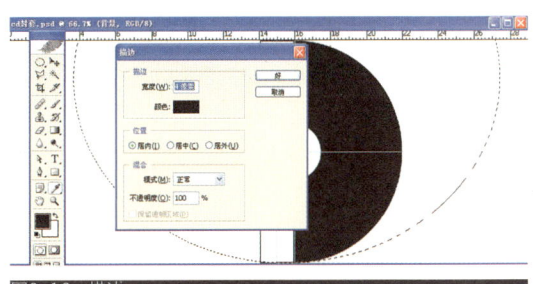

图2-12 描边

10．使用椭圆选框工具建立如图选区，点击菜单栏"编辑"＞"描边"。设置宽度为3像素，居内。进行描边（图2-13）。重复步骤10，描边出不同的曲线（图2-14）。

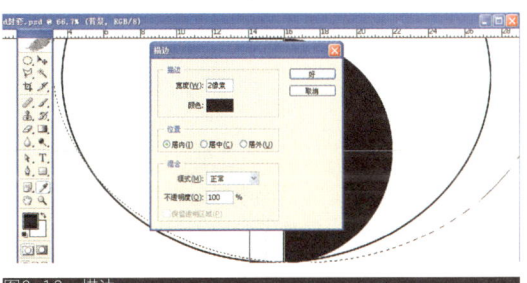

图2-13 描边

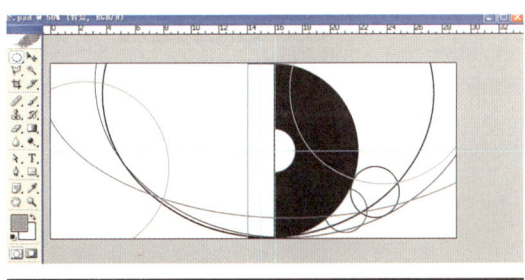

图2-14 描边

子任务三：CD封套标题文字输入

知识要点：文字的直排竖排、字号、字体、颜色的设置

11．在工具箱上选择"文字输入"工具，输入文字。（图2-15）

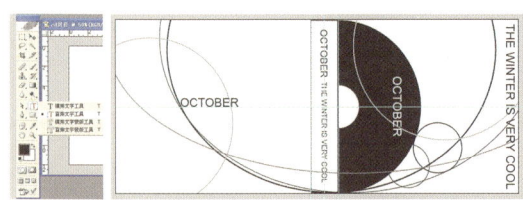

图2-15 文字输入

子任务四：CD封套相关素材导入

知识要点：粘贴命令，自由缩放命令、等比缩放的使用

12．打开素材001文件，点击菜单栏"选择">"全选"（快捷键：ctrl+A），点击菜单栏"编辑">"拷贝"。（图2-16、图2-17）

13．点击回到"CD封套"文件，点击菜单栏"编辑">"粘贴"，把素材复制过来。（图2-18）

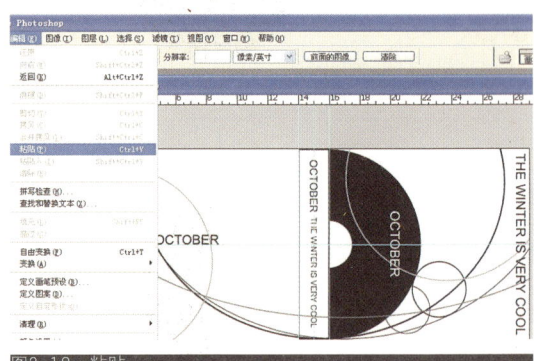

图2-18 粘贴

14．点击菜单栏"编辑">"自由变换"。按住"shift"键，保持正比例，拖动鼠标调节大小。调节完成后，使用移动工具移到画面左下角如图位置。（图2-19）

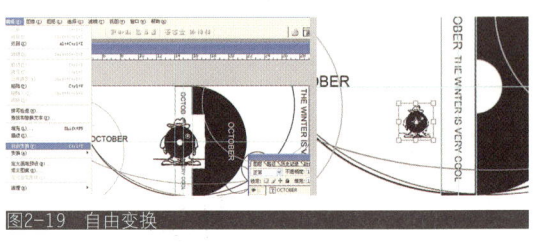

图2-19 自由变换

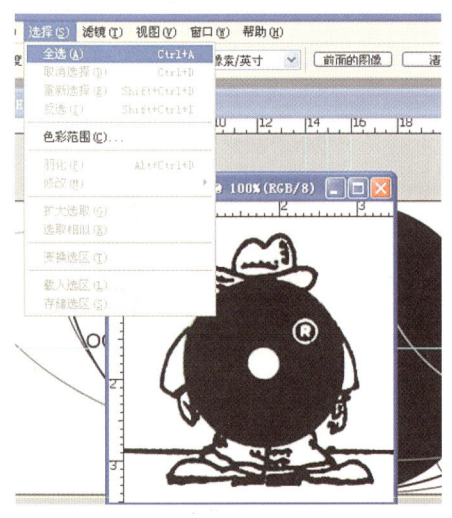

图2-16 全选

15．打开素材002文件，同上操作。（图2-20）

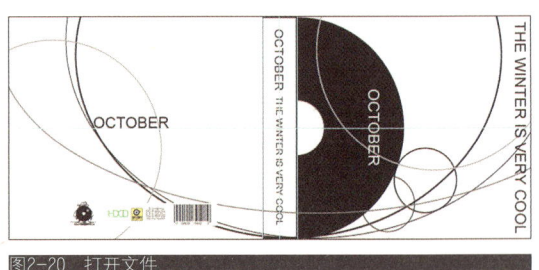

图2-20 打开文件

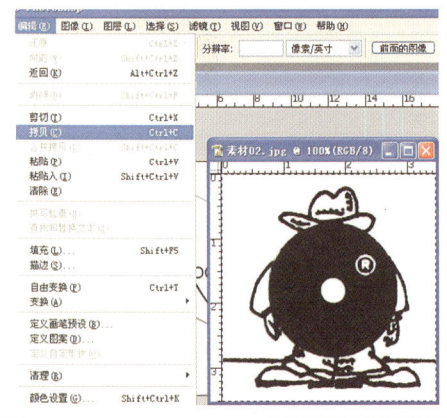

图2-17 拷贝

16．选择封套脊背上的文字，点击菜单栏"编辑">"自由变换"。把当中的文字适当缩小，并把素材002上的标识放置入如图2-21位置。

17．点击菜单栏"文件">"保存"，保存文件。

课后练习：CD封套设计

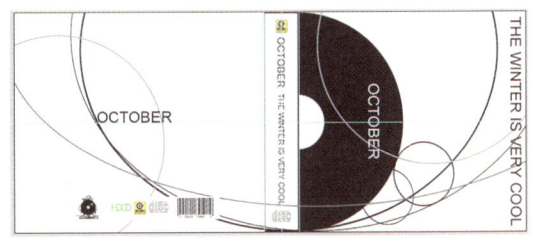

图2-21　自由变换

2.2 杂志封面设计

实训目标：
通过课程学习使学生了解杂志封面设计的过程。

实训时间：
4课时。

实训要求：
掌握创建选区、填色、复制等工具的使用。

知识延伸：
参考查阅http://jpkc.jsit.edu.cn/ec2006/C77/default.aspx

2.2.1 杂志封面设计

杂志封面体现了杂志的外貌，在传达杂志的内容、性质的同时给读者以美的享受，并且还起着保护书籍的作用。杂志的封面设计由于受杂志期刊特定因素的影响，具有时间性和连续性。杂志的封面设计包括形、字、色、构图等。在设计时主要考虑杂志的名称以及与名称相呼应的图案装饰等，另外，还有主办单位、年号、月份、期数、条形码等各种要素，需要安排在适合的位置。

2.2.2 魔术棒工具

魔术棒工具是工具箱上的一种选区工具，可以选择一定色域的选区。比如连续的一片红色，或者在同一图层中不连续的同一种颜色，要去掉"连续"那里的勾。选择"容差"的数量可以改变颜色的相似度，值越大，可选范围越大。以像素为单位输入一个值，范围介于 0 到 255 之间。如果值较低，则会选择与所单击像素非常相似的少数几种颜色。如果值较高，则会选择范围更广的颜色。

2.2.3 复制入的方法

在PS中通过copy和past把对象进行复制，但有时我们需要把对象复制的同时放置入特定的选区范围之内。这时我们可以采用复制入的方法。首先把复制对象通过"ctrl+C"键拷贝好。然后在当前文件上创建一个选区，再按"ctrl+shift+V"键或点击菜单栏"编辑">"贴入"就可以把对象复制到特定的选区内。

2.2.4 水平同图层复制

当我们用copy和past或菜单栏"拷贝""粘贴"的方式复制对象时，往往会同时创建一个新的图像图层。当我们不希望在复制同时创建新层时，可先选中对象，然后按住"ctrl+Alt"键，当光标出现双箭头时，即可在同一图层上进行对象复制。配合按住"shift"键，可控制复制的水平、垂直或45度方向。

实训项目：杂志封面设计（效果如图2-22）

图2-22 杂志封面设计

子任务一：文件尺寸及标尺辅助线的设置及底色块绘制

1．新建文件"杂志封面"。尺寸：21cm×29cm。分辨率：120dpi。

2．在工具箱上点选"矩形选择"工具，创建一个小矩形选区，并填充黑色。

3．在工具箱上点选"魔棒"工具，选择黑色矩形，同时按住"ctrl+alt+shift"键并拖动鼠标进行水平方向上的复制（图2-23）。（按"ctrl+alt"为复制，按"shift"键用于保持或水平或垂直或45度角移动）

图2-23 水平复制

4. 在工具箱上"矩形选择"工具，选择整条水平黑色块，同时按住"ctrl+alt+shift"键并拖动鼠标进行垂直方向上的复制。然后稍微向左移动到如图2-24位置。与下面错开，并补齐右边不足部分。

图2-24 垂直复制

5. 同上继续复制出如图2-25图形。

图2-25 重复复制

6. 在工具箱上点选"魔棒"工具，选择其中一个矩形，点击菜单栏"编辑">"自由变换"。进行旋转并移动，调节如图2-26。

7. 用魔术棒工具选择不同矩形，点击菜单栏"编辑">"自由变换"。进行旋转并移动调节如图2-27。

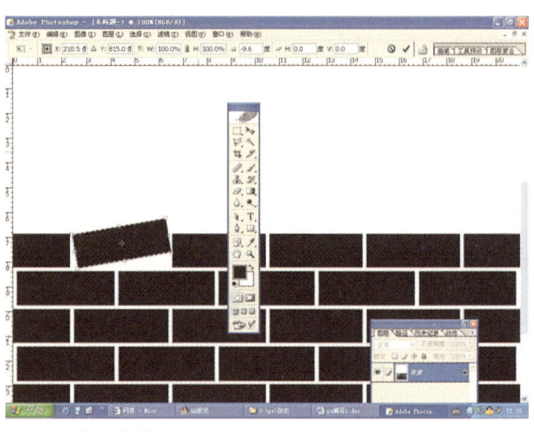

图2-26 旋转并移动

图2-27 移动调节

8. 继续用魔术棒工具选择其中一个矩形，同时按"ctrl+alt"键复制出一些矩形，点击菜单栏"编辑">"自由变换"，进行旋转并移动调节如图2-28。

图2-28 移动调节

子任务二：粘贴入命令使用

9．打开素材001文件，点击菜单栏"选择">"全选"（快捷键：ctrl+A），在点击菜单栏"编辑">"拷贝"。然后点击回到"杂志封面"文件，用魔术棒工具选择其中一个黑色快。点击菜单栏"编辑">"粘贴入"，把素材复制到矩形中。

10．点击菜单栏"编辑">"自由变换"，按住"shift"键，保持正比例，拖动鼠标调节大小。（图2-29、图2-30）

11．重复9至11步骤，依次粘贴入其他素材，并采用"自由变换"工具调节大小位置。（图2-31）

图2-31 依次粘贴

图2-29 复制素材

12．完成后点击"图层浮动面板"右边黑三角，弹出菜单，选择"拼合图层"，把所有图层合并为背景层。（图2-32）

图2-32 拼合图层

图2-30 调节大小

13．点击菜单栏"图象">"调整">"色相">"饱和度"，调节饱和度，把饱和度略微降低。（图2-33、图2-34）

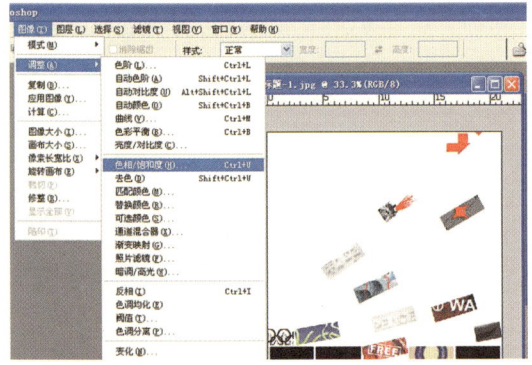

图2-33 调整饱和度

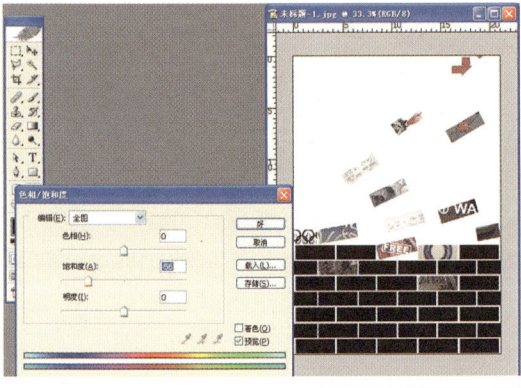

图2-34 降低饱和度

子任务三：标题文字制作

14. 打开素材文件复制到图形上，点击菜单栏"编辑">"自由变换"，调节大小位置。（图2-35）

图2-35 标题文字制作

15. 在工具箱上选择"文字输入"工具，输入文字"art and design"点击菜单栏"编辑">"自由变换"，调节大小。保存文件。（图2-36、图2-37）

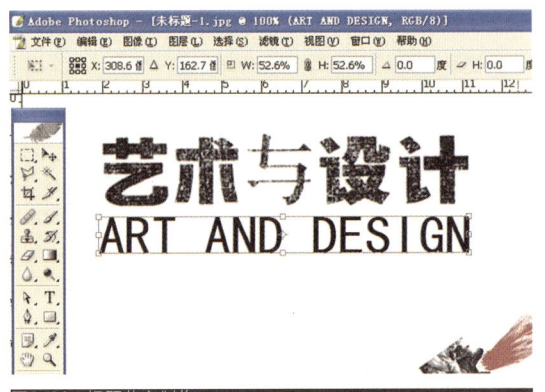

图2-36 标题英文制作

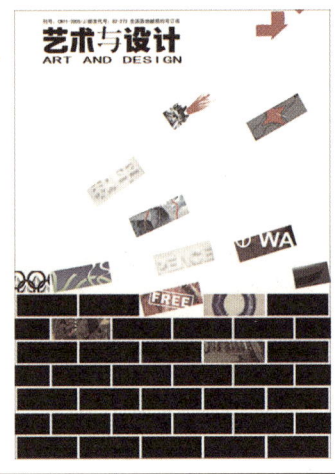

图2-37 完成图

课后练习：杂志封面设计

2.3 书籍封面设计

实训目标:
通过课程学习使学生了解书籍封面设计的过程。

实训时间:
4课时。

实训要求:
掌握创建选区、粘贴入工具、复制等工具的使用。

知识延伸:
参考查阅http://jpkc.jsit.edu.cn/ec2006/C77/default.aspx

2.3.1 书籍封面设计

书籍封面设计是书籍装帧设计的一部分，封面设计主要分为两大类书籍和杂志，其中以书籍的封面设计为多。它包含了艺术思维、构思创意和技术手法的系统设计。封面形式、字体、版面、色彩、插图，以及纸张材料、印刷工艺等各个环节都非常重要。

2.3.2 自由变换工具

"自由变换"命令可用于在一个连续的操作中应用变换（旋转、缩放、斜切、扭曲和透视），也可以应用变形变换。首先，选择要变换的对象。然后选取"编辑">"自由变换"，通过拖动可进行缩放。同时按住"Shift"键可按比例缩放。也可根据数字进行缩放，在选项栏的"宽度"和"高度"文本框中输入百分比。单击"链接"图标，以保持长宽比。可以通过拖动进行旋转，当指针变为弯曲的双向箭头时拖动。同时按"Shift"键可将旋转限制为按15度增量进行。或者在选项栏的"旋转"文本框中输入度数。可根据数字来进行旋转动作。另外，按住"Ctrl"键拖动手柄，可以调节其中的角点，实现自由扭曲。

2.3.3 图层透明度应用

图层的整体不透明度用于确定它遮蔽或显示其下方图层的程度。其调节方式在图层面板的上部。不透明度为 1% 的图层看起来几乎是透明的，而不透明度为100% 的图层则显得完全不透明。除了设置整体不透明度（影响应用于图层的任何图层样式和混合模式）以外，还可以指定填充不透明度。填充不透明度仅影响图层中的像素、形状或文本，而不影响图层效果（例如投影）的不透明度。（图2-38、图2-39）

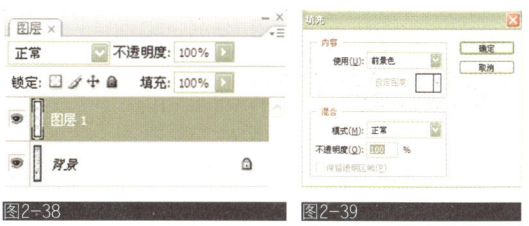

图2-38　　　　　图2-39

实训项目：书籍封面设计（效果如图2-40）

图2-40　书籍封面

1．新建文件"书籍封面"。尺寸：21cm×29cm，分辨率：120dpi。

2．点击工具箱"拾色器"，设置前景色为R:64，G:66，B:43。点击菜单栏"编辑">"填充"，填充背景层为底色。（图2-41）

3．使用"矩形选择"工具创建如图选区，并填充相应的颜色（R:64，G:66，B:43）。（图2-42）

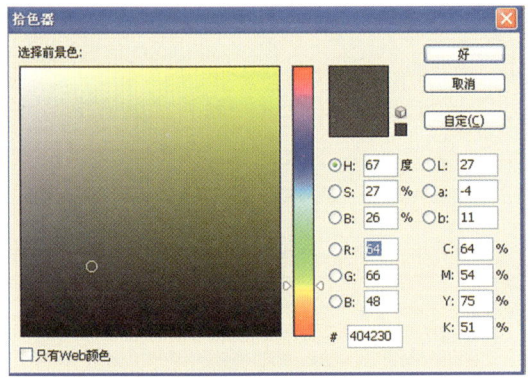

图2-41 拾色器

图2-42 创建选区填色

4. 绘制直线：在工具箱上点选"直线绘制"工具，在菜单栏上点选"填充像素"模式，设置粗细值为2像素。绘制如图2-43直线。

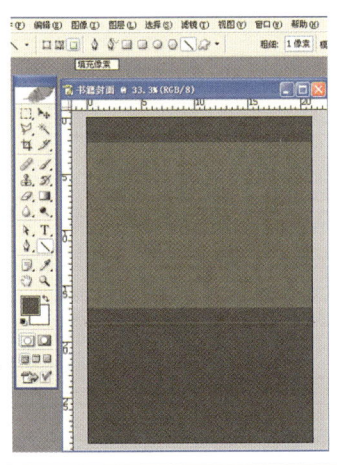

图2-43 绘制直线

5. 打开素材001文件，使用"移动"工具直接把图象拖动到"书籍封面"文件上，素材复制过来。

6. 点击菜单栏"编辑">"自由变换"。按"shift"键，保持正比例，调节大小。（图2-44）

图2-44 调大小

7. 复制入素材002，放置在素材001图片图层下，按"crtl+T"键，调节大小和位置。（图2-45）

图2-45 调大小和位置

8. 点击图层浮动面板上部"设置图层混合模式"，把图层2图层模式改为"滤色"，

并降低不透明度为45%。（图2-46）

图2-46 设置图层混合模式

9．点击图层浮动面板下部"新建图层"图标，新建图层3，绘制彩色条。（图2-47）

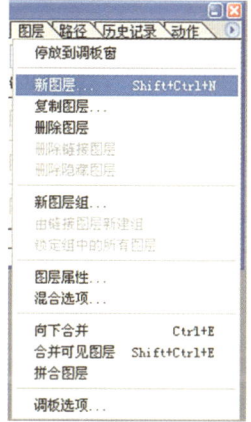

图2-47 新建图层

10．在工具箱上点选"矩形选择"工具，在如图处创建选区，填充红色（R223:G4:B4:）。（图2-48）

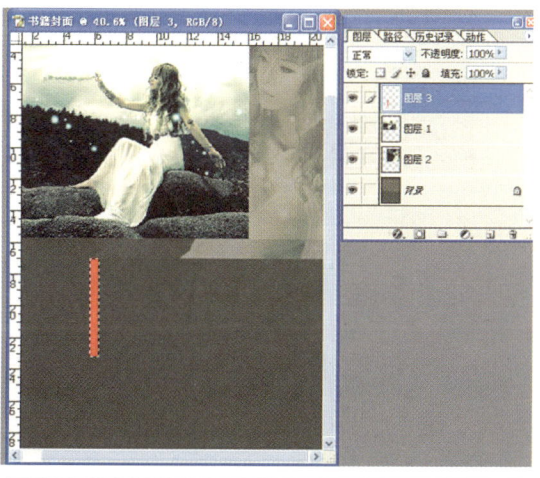

图2-48 创建选区

11．同时按住"ctrl+alt+shift"键并拖动鼠标进行水平方向上的复制，并移动到如图位置。点击菜单栏"编辑"＞"填充橘红色"（R:223，G:133，B:4）。（图2-49）

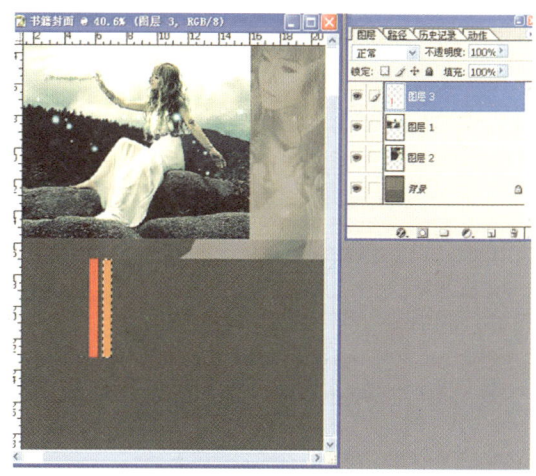

图2-49 填色

12．重复步骤11，依次复制并填充颜色。淡黄（R: 255，G: 204，B: 0）、柠檬黄（R:240，G:255，B:0）。（图2-50）

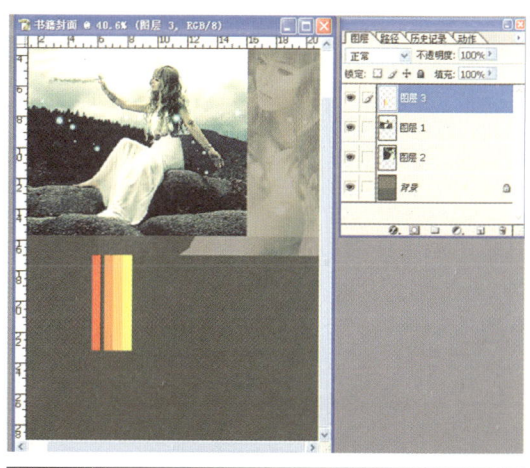

图2-50 填色

13．在工具箱上点选"矩形选择"工具，如图选择。（图2-51）

14．按住"ctrl"键，点按键盘上的上下箭头，向上移动一个单位，再向下移动一个单位，回到原处，成为如图选择区域。（图2-52）

第2模块 PS图形图像设计制作 41

图2-51 点选矩形选择工具

图2-52 选择区域

15.点击菜单栏"编辑">"自由变换",按住"shift+ctrl"键,把鼠标点选到右上和左上的节点上进行水平移动,调节图形大小。(图2-53)

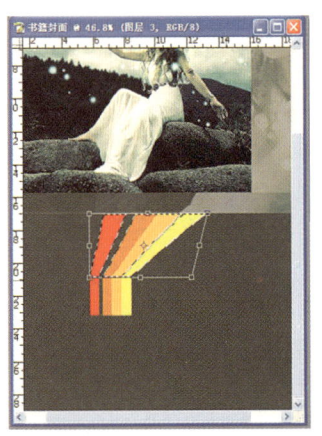

图2-53 调节大小

16.使用"矩形选择"工具选择彩色条下部,重复步骤13至15,调节图形大小如图2-54。

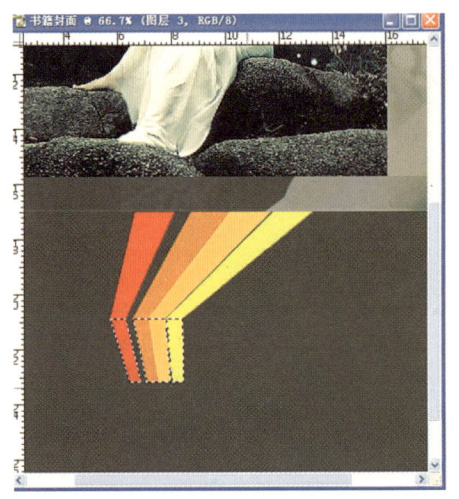

图2-54 调节大小

17.删除掉如图选区部分的彩色条。(图2-55)

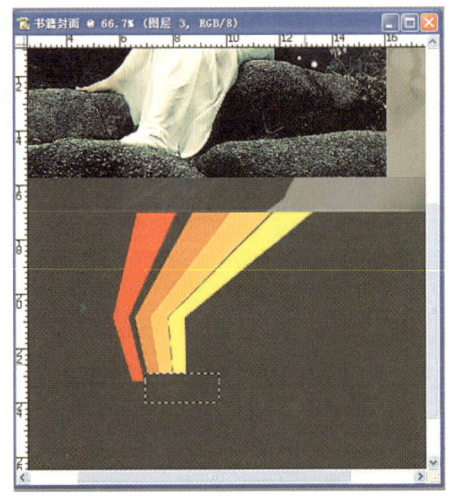

图2-55 删除

18.点选工具箱上"吸管"工具,在红色块上单击,拾取前景色为红色。

19.选择工具箱"直线"工具,点选填充像素模式,设置粗细为3像素。绘制如图2-56直线。

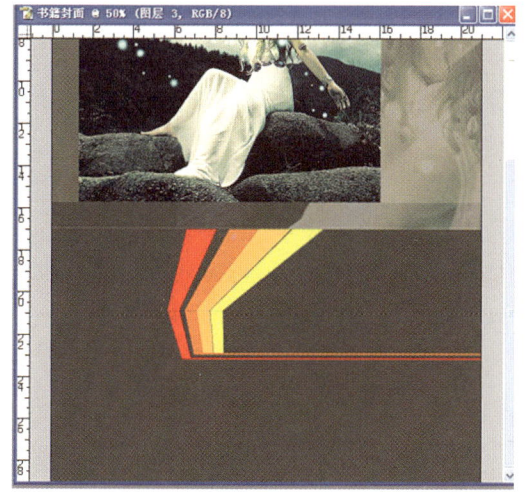

图2-56 绘制直线

20．点选工具箱"吸管"工具，在橘红块上单击，拾取前景色为橘红色。并绘制如图2-57直线。

图2-57 绘制直线

21．新建图层4，绘制出黑色方块。

22．打开素材003文件，点击菜单栏"选择"＞"全选"（快捷键：ctrl+A），对正幅画面建立选区。再点击菜单栏"编辑"＞"拷贝"。

23．点击回到"书籍封面"文件，用魔术棒工具选择第1个黑色快，点击菜单栏"编辑"＞"粘贴入"命令，把素材复制到黑色方块中。

24．点击菜单栏"编辑"＞"自由变换"。按住"shift"键，保持正比例，拖动鼠标调节大小位置。（图2-58）

图2-58 调节大小

25．点选回到图层4上，用魔术棒工具选择第2个黑色块，复点击菜单栏"编辑"＞"粘贴入"命令，把素材004复制到黑色方块中，并调节大小位置。（图2-59）

图2-59 复制并调节大小

26．重复22—25，依次复制入不同的素材，并调节大小位置。（图2-60）

27．复制素材009到图上，并按"ctrl+T"键，自由变换工具调节大小位置。（图2-61）

图2-60 复制并调节大小

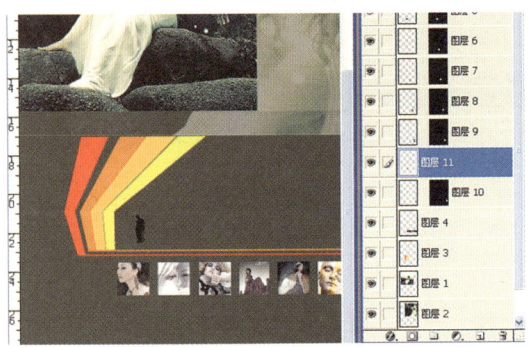

图2-61 复制并调节大小

28．选择工具箱"文字"工具，输入文字"人物摄影技巧"，字体大小为：40点，黑体。（图2-62）

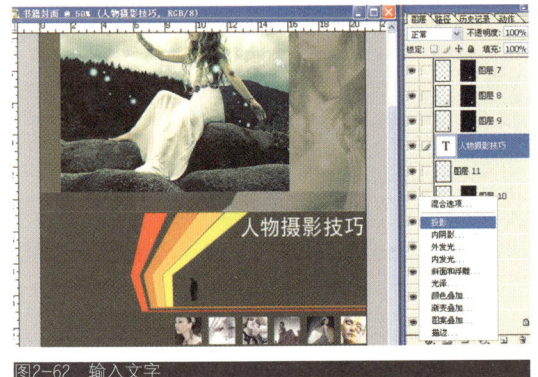

图2-62 输入文字

29．点击菜单栏"图层"＞"图层样式"＞"投影"，调节角度120度；距离：18；扩展：8；大小：18。（图2-63）

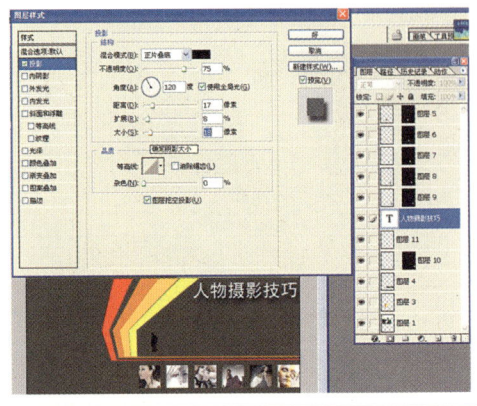

图2-63 调节角度

29．选择工具箱"文字"工具，输入其他文字。（图2-64）

图2-64 输入其他文字

30．检查没有问题后，拼合图层，保存文件。（图2-65）

图2-65 拼合图层

课后练习：书籍封面设计

2.4 水晶图标表现

实训目标：
通过学习使学生掌握线性渐变及形状工具。

实训时间：
4课时。

实训要求：
掌握PS线性渐变及形状工具进行水晶图标效果表现。

知识延伸：
参考查阅http://jpkc.jsit.edu.cn/ec2006/C77/default.aspx

2.4.1 图标设计

水晶图标表现，是在网页设计及UI界面设计上常用的一种形式，设计需要从整体风格到细节图标、元素的全面把握，表现形式亲和自然。

2.4.2 渐变工具

渐变工具有线性渐变、径向渐变、角度渐变、对称渐变、菱形渐变五种类型。在使用渐变工具时，用鼠标在起始点单击，再拖动鼠标到结束点单击即可完成。渐变色可以是由前景色到背景色渐变，也可以由前景色到透明色渐变。PS也设置了一些默认的渐变颜色，可以直接调用。此外，用户还可以自己设置颜色的渐变。（图2-66、图2-67、图2-68）

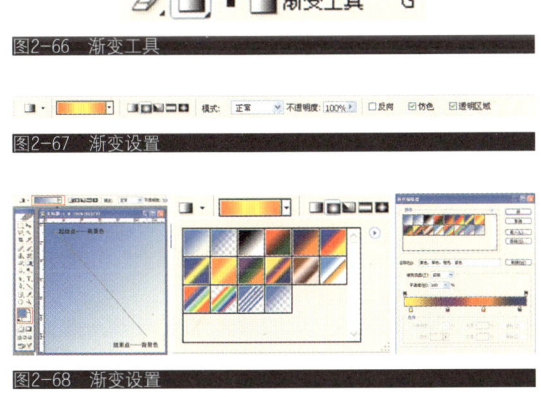

图2-66 渐变工具

图2-67 渐变设置

图2-68 渐变设置

2.4.3 形状绘制

选择一个形状工具。在选项栏中选中"形状图层"按钮。在选项栏中单击色板，然后从拾色器中选取一种颜色。选项栏的"样式"弹出式菜单中选择预设样式。在文件中拖动绘制形状：要将矩形或圆角矩形约束成方形、将椭圆约束成圆或将线条角度限制为 45 度角的倍数，需按住 Shift 键。要从中心向外绘制，可将指针放置到形状中心所需的位置，按下"Alt"键，然后沿对角线拖动到任何角或边缘，直到形状已达到所需大小。（图2-69）

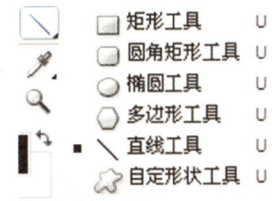

图2-69 形状绘制

实训项目：水晶图标效果表现（效果如图2-70）

图2-70 水晶图标效果

任务一：绘制圆形水晶图标

1.新建文件，文件名为"水晶图标01"。设置长宽尺寸均为10厘米，图像分辨率为120像素/英寸。（图2-71）

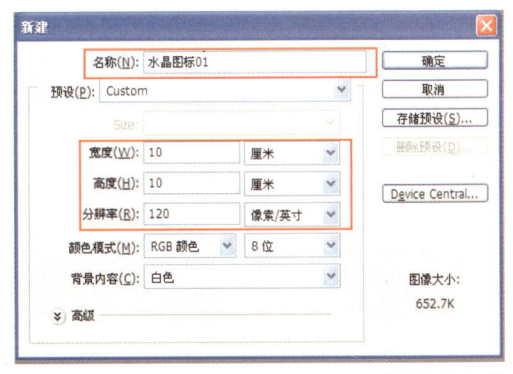

图2-71 新建文件设置尺寸

2.点击图层浮动面板下的"创建新建图层"图标，新建图层1，在工具箱上点选"圆形选择"工具，按住"shift"键，在图层一

上拖动鼠标，绘出正圆形选区。（图2-72）

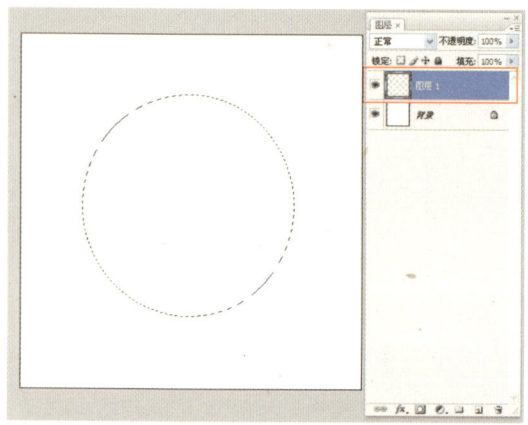

图2-72 新建图层1

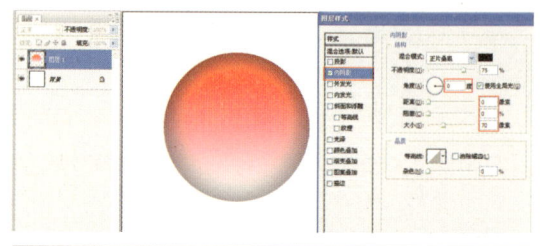

图2-74 内阴影

图2-75 投影

3.在工具箱上点选拾色器，设置前景色为红色，背景色为白色。在工具箱上点选"渐变"工具（渐变模式为线性渐变）。选择从前景到背景渐变方式，在图层一的圆形选区中，按住"shift"键，从上往下垂直拉渐变。（图2-73）

6.点击图层浮动面板下的"创建新建图层"图标，新建图层2，在图层2上创建如图椭圆状选区。在工具箱上设置前景色为白色，并点选"渐变"工具（渐变模式为线性渐变）。选择从前景到透明渐变方式，在图层2的椭圆形选区中，按住shift键，从上往下垂直拉渐变，完成最终效果。（图2-76）

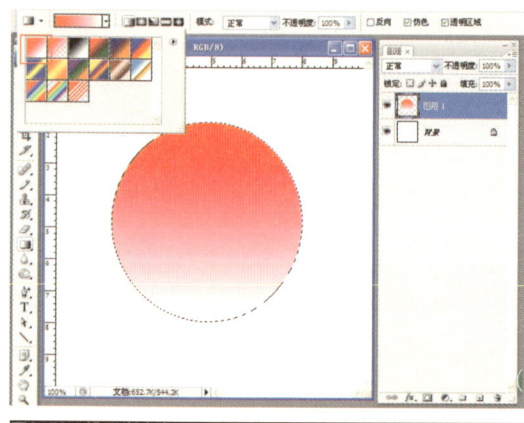

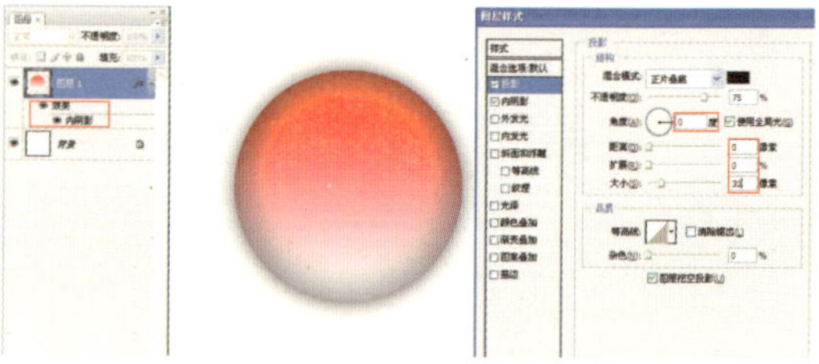

图2-73 设置渐变色

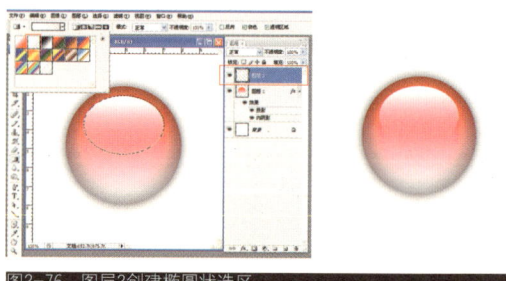

图2-76 图层2创建椭圆状选区

任务二：绘制矩形水晶图标

1.新建文件，文件名为"水晶图标02"。设置长宽尺寸均为10厘米，图像分辨率为120像素/英寸。（图2-77）

2.点击图层浮动面板下的"创建新建图层"图标，新建图层1，在工具箱上点选"矩形形状"工具，选择形状填充像素模式，设置半径为40px，在图层1上拖动鼠标，绘出带倒角的矩形色区。（图2-78）

4.在图层1上，点选菜单栏"图层">"图层样式"，勾选内阴影模式，设置角度为0度。距离为0像素，阻塞为0像素，大小为70像素。（图2-74）

5.同时勾选投影模式，设置角度为0度。距离为0像素，阻塞为0像素，大小为30像素。（图2-75）

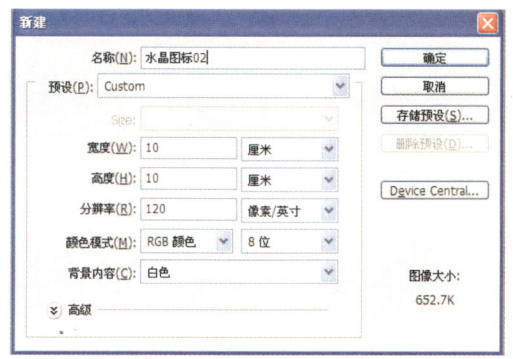

图2-77 创建文件

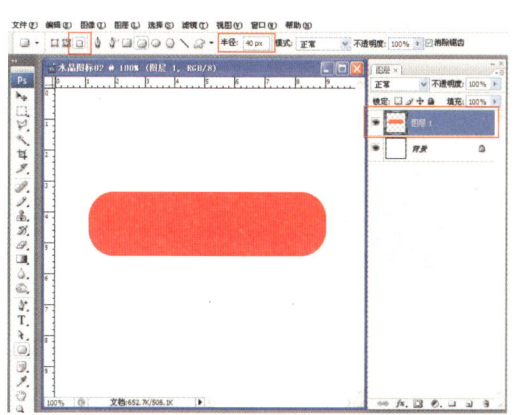

图2-78 建图层1矩形形状

3.在工具箱上点选"魔棒"工具,在图层1上选择红色矩形色区,出现选区虚线,在工具箱上点选拾色器,设置前景色为紫色,背景色为白色。在工具箱上点选"渐变"工具(渐变模式为线性渐变)。选择从前景到背景渐变,在图层1矩形选区中,按住"shift"键,从上往下垂直拉渐变。(图2-79)

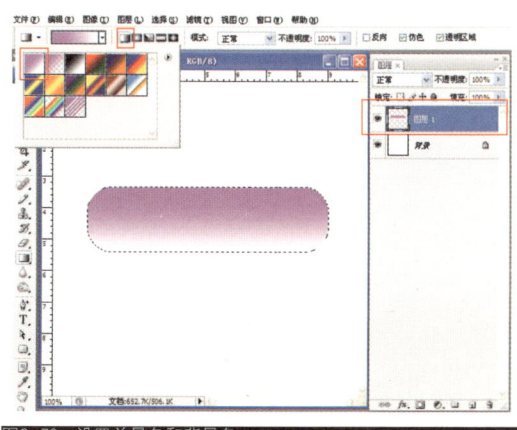

图2-79 设置前景色和背景色

4.在图层1上,点选菜单栏"图层">"图层样式",勾选内阴影模式,设置角度为0度。距离为0像素,阻塞为0像素,大小为50像素。(图2-80)

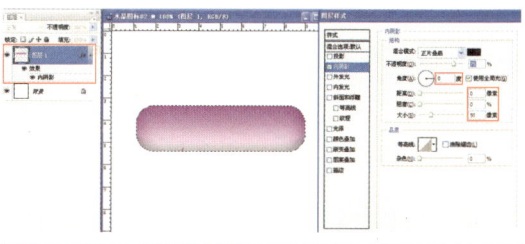

图2-80 图层模式选内阴影模式

5.同时勾选投影模式,设置角度为0度。距离为0像素,阻塞为0像素,大小为30像素。(图2-81)

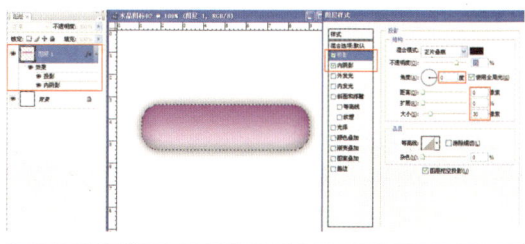

图2-81 投影模式

6.点击图层浮动面板下的"创建新建图层"图标,新建图层2,在工具箱上点选拾色器,设置前景色为白色,在工具箱上选择"形状"工具,在菜单栏上点选形状的填充像素模式,设置半径为20px,在图层2上拖动鼠标,绘出带倒角的白色矩形区域。(图2-82)

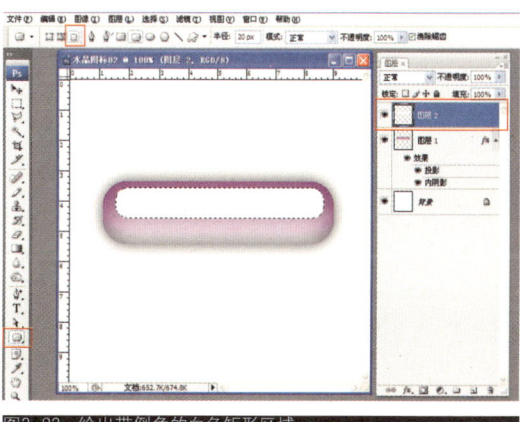

图2-82 绘出带倒角的白色矩形区域

第2模块 PS图形图像设计制作 49

7.在图层2上,点击图层浮动面板下方"添加图层蒙版"图标,为图层2添加图层蒙版。在工具箱上点选拾色器,设置前景色为黑色,在工具箱上点选"渐变"工具(渐变模式为线性渐变)。选择从前景到透明渐变方式,在图层2右侧的图层蒙版中,按住"shift"键,从下往上垂直拉渐变,完成最终效果。(图2-83)

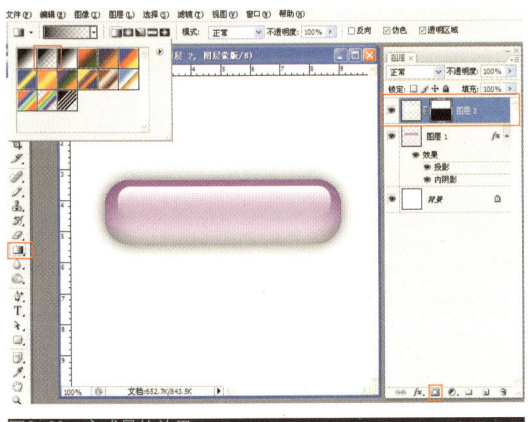

图2-83 完成最终效果

课后练习:水晶图标效果表现

第3模块　PS数字照片图像处理

3.1 破旧照片修复

实训目标：
通过学习使学生掌握破旧照片修复技术。

实训时间：
2课时。

实训要求：
掌握橡皮图章修复工具来修复破旧照片。

知识延伸：
照片承载着回忆，不过有很多珍贵的照片因为保管不善产生了污迹或者破损了，这使我们觉得十分惋惜，现在我们可以用Photoshop来将它们修复，让这些时光的记录不再有残缺。

3.1.1 橡皮图章

使用图章工具可以从图像中复制画面中任何需要的部分用来遮盖或者修复其他的地方，去除画面障碍物，是图片修改最基本的也是最主要的技巧之一。

点图章工具，按住ALT键点击原图，在原图找一个图章始点再到复制图层去涂抹。图章可以在两张不同的图上使用，比如你要A图的一部分到B图去：首先打开A图，B图，选择图章工具，按住ALT确定原始点，之后在B图按住鼠标开始涂抹就可以了，注意查看A图，移动鼠标不要超出图片范围。

3.1.2 修复工具

污点修复画笔工具：比较适合去除图像中比较小的污点或杂斑（提示：调节笔头大小可以通过键盘上的左右中括号键进行操作）。

裁剪工具：用于图片裁大或者裁小，修正歪斜的照片，把不用的部分剪裁掉。

实训项目：破旧照片修复（效果如图3-1）

图3-1 照片修复前后对比

1.打开Photoshop，点击菜单栏文件选择打开，找到所需要的照片。

2.点选把背景层拖动至图层面板下面的"创建新图层"图标上，复制出背景层副本，方便以后修改和复原。（图3-2）

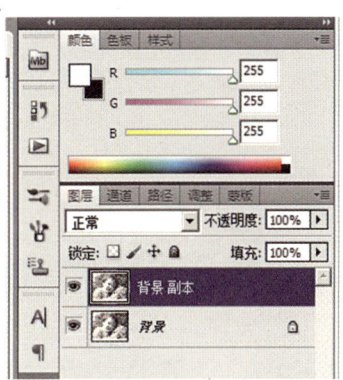

图3-2 复制背景层副本

3.回到图像文件区域，可以看到照片上有很多污迹，点选工具箱上"放大"工具，放大区域可以看得更清晰更仔细（图3-3）。接着点选工具箱上"污点修复"工具，在菜单栏下方"画笔"处，调整笔触大小，越符合污迹大小的笔触修复的越自然。（图3-4）

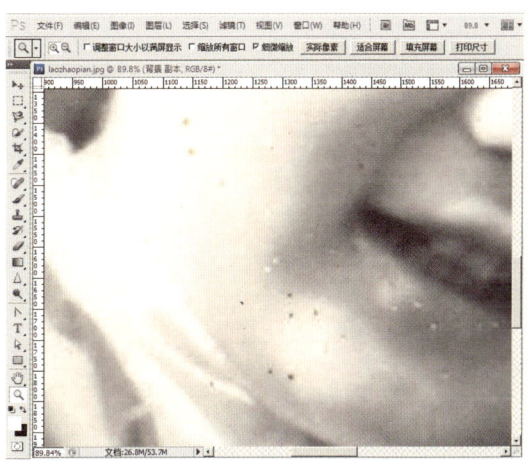

图3-3 放大工具

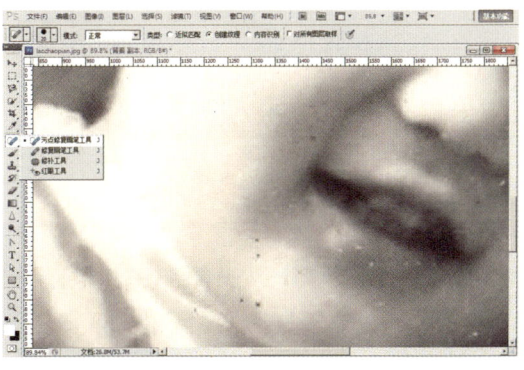

图3-4 污点修复

4.污迹去掉后,点击工具箱里的"矩形选框"工具,选择主画面,我们需要在规定的范围内操作。(图3-5)

图3-5　选择主画面

5.在工具箱中选择"仿制图章"工具,调整到合适的笔触大小,因为背景是模糊的树影状,我们可以利用仿制图章工具来复制这些看似差不多的背景。按住"Alt"键,在破损边缘附近单击鼠标左键选取像素源,然后在破损处单击,把周围的图像复制过来直至填满。(图3-6)

图3-6　利用"仿制图章"修复背景

6.在工具箱中选择"裁剪"工具,把多余的白边去掉,只留下主画面(图3-7)。现在,检查画面还有些斑驳的痕迹,继续利用污点修复工具和仿制图章工具进行修复,使画面干净。

图3-7　裁剪

7.到这一步,老照片基本已经复原了,但是经过了很长时间,照片已经被氧化的有些发黄,单击调整蒙版中的黑白。(图3-8)

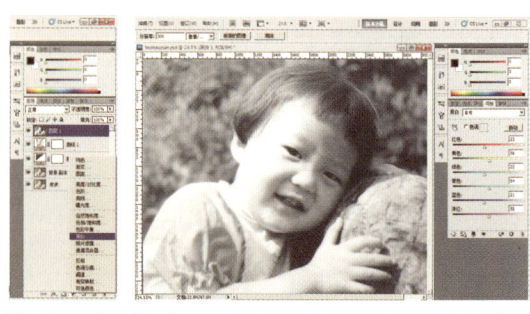

图3-8　调整黑白

8.现在画面回复黑白的感觉了,再单击调整蒙版中的曲线,让画面感觉更清晰(图3-9)。点击菜单栏"文件">"保存",保存文件。

图3-9　完成保存

课后练习: 破旧照片修复

3.2 黑白照片彩色化

实训目标:
通过学习使学生掌握黑白照片彩色化技术。

实训时间:
2课时。

实训要求:
掌握画笔工具及图层运用,给黑白照片上色。

知识延伸:
家中肯定有很多黑白照片,我们看多了会猜想它原来的颜色是什么样的,如果能把黑白照片重新涂上绚丽的色彩,一定能使老的黑白照片更加生动和富有活力。

3.2.1 画笔工具

画笔工具是Photoshop最基本的工具，用于绘制图画。选择完画笔工具，在上方会出现画笔工具属性，设置好以后，左击鼠标按住左键不放，绘制你想要的图形，绘制完成松开鼠标左键即可。

3.2.2 图层混合模式

颜色模式：决定生成颜色的参数包括底层颜色的明度，上层颜色的色调与饱和度。这种模式能保留原有图像的灰度细节。这种模式能用来对黑白或者是不饱和的图像上色。

图层概念：我们可以把图层想像成是一张一张叠起来的透明胶片，每张透明胶片上都有不同的画面，改变图层的顺序和属性可以改变图像的最后效果。使用图层可以在不影响整个图像中大部分元素的情况下处理其中一个元素。通过对图层的操作，使用它的特殊功能可以创建很多复杂的图像效果。

实训项目：黑白照片彩色化（效果如图3-10）

图3-10 黑白照片彩色化效果

1.打开Photoshop，点击菜单栏文件选择打开，找到所需要的照片。

2.确定皮肤颜色。找一张类似的彩色照片，然后用工具箱中的"吸管"工具在此照片上单击吸取。具体数值如图3-11所示。也可根据需要自己设置皮肤颜色。

图3-11 在类似照片上吸取色彩

3.皮肤上色。点击图层浮动面板下面的"创建新图层"图标，新建图层1，用来放置皮肤颜色，将该图层与背景层的混合模式设为"颜色"。（图3-12）

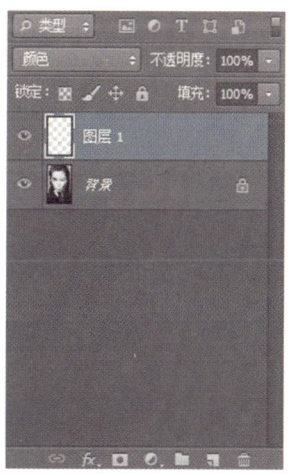

图3-12 设置皮肤颜色

4.使用工具箱中"画笔"工具在照片上涂抹，涂抹时注意大小画笔替换使用，如画出界限，可以使用橡皮擦工具修改。眼睛部位可以留出，或者将画笔的不透明度、流量改小。（图3-13）

图3-13 用画笔涂颜色

5.给嘴唇上色。新建图层2（模式颜色），用于放置嘴唇颜色（后面的上色步骤同样按照这个步骤，便于修改）。选择一个唇膏颜色，为嘴唇上色。（图3-14）

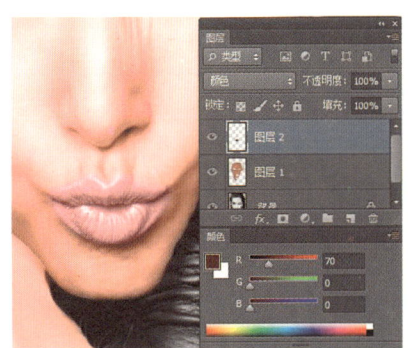

图3-14 嘴唇上色

6.为头发上色。方法同上。（图3-15）

图3-15 头发上色

7.为眼睛上眼影。设置好眼影颜色，新建图层（模式为颜色），用笔触和硬度较小的画笔在眼睛四周涂抹，仔细调整上下眼皮的颜色。（图3-16）

图3-16 上眼影

8.对眼影图层执行菜单栏"滤镜">"模糊">"高斯模糊"，使眼影看起来和皮肤融合的更自然。（图3-17）

图3-17 眼影图层设置

9.为服饰上色。方法同和皮肤、头发相同。（图3-18）

图3-18 服饰上色

10.如果觉得肤色不自然，还可以对皮肤图层调整不透明度，数值如图3-19。点击菜单栏"文件"＞"保存"，保存文件。

图3-19　调整肤色后保存文件

课后练习：黑白照片彩色化

3.3 照片美容艺术化处理

实训目标：
通过学习使学生掌握照片美容艺术化处理技术。

实训时间：
2课时。

实训要求：
掌握蒙版、模糊滤镜给照片美容。

知识延伸：
人像摄影的时候，脸往往会被特写，如果脸上有瑕疵，皮肤状态不是很好的话就影响了美观，掌握了照片美容艺术化处理就能使照片上的皮肤更加完美。

3.3.1 模糊滤镜

高斯模糊：模糊的算法有很多种，其中有一种叫做高斯模糊(Gaussian Blur)。它将正态分布(又名高斯分布)用于图像处理。高斯模糊的原理是根据高斯曲线调节象素色值并有选择地模糊图像。简单地说，就是把某一高斯曲线周围的像素色值统计起来，采用数学上加权平均的计算方法得到这条曲线的色值，主要是对范围、半径等进行模糊,最后能够留下物体的轮廓即曲线。

3.3.2 图层混合模式

颜色模式：决定生成颜色的参数包括底层颜色的明度，上层颜色的色调与饱和度。这种模式能保留原有图像的灰度细节。这种模式能用来对黑白或者是不饱和的图像上色。

快速蒙版：快速蒙板的作用之一就是建立选区，它的按扭位于拾色器的右下方，称为快速蒙板模式，快捷方式是"Q"。

实训项目：黑白照片彩色化（效果如图3-20）

图3-20 效果图

1.运行Photoshop程序，在文件中选择打开，选择所需处理的图像。

2.打开图片后，可以选择放大面部进行操作，这时，我们能很清楚地看到面部皮肤的状况，接着在工具栏中点击污点修复画笔工具，再调整笔触大小，尽量覆盖住要清除的瑕疵，在瑕疵上单击。（图3-21）

图3-21 修瑕疵

3.现在已经修复了比较明显的瑕疵，但是面部还有密集的瑕疵，（图3-22）。如果继续使用污点修复工具就很浪费时间，现在我们换个方法使皮肤光滑平整。

图3-22 密集瑕疵的处理

4.双击快速蒙版工具，再选择画笔工具，然后调整画笔大小和笔触硬度。（图3-23）

5.直接用调整好的画笔在脸上和皮肤处涂抹，最后用橡皮擦工具涂擦眉毛、眼睛、鼻子、嘴巴以及脸庞边缘。（图3-24）

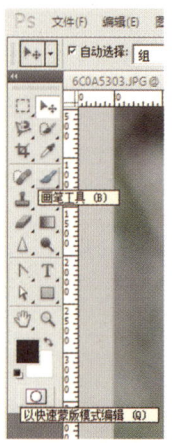

图3-23 选择画笔工具

图3-24 涂抹皮肤

6. 单击快速蒙版，退出蒙版，出现了选区区域，按"ctrl+shift+I"键反向选择，现在选择区域就是所需的面部和脖子处的皮肤。（图3-25）

图3-25 选择区域

7. 复制这一选区到新的图层（ctrl+C，ctrl+V),选择滤镜中的高斯模糊选项，调整到合适的参数，在预览中看模糊状态。（图3-26）

图3-26 高斯模糊处理

8. 确定好后，图片中这位女生的皮肤就显得非常光滑平整了，按放大再检查下细节，皮肤和毛发、衣服、五官的衔接处，如有模糊不清就使用橡皮擦工具一点点的擦出来。（图3-27）

图3-27 检查细节并处理

9. 现在再给光滑的皮肤加点质感，使之看起来更加真实，选择滤镜，杂色中的添加杂色，调整合适的参数，在预览中查看。（图3-28）

图3-28 加质感

10.确定好后,整个皮肤看起来光滑的很自然,没有那么假了(图3-29)。点击文件,保存成jpg格式,完成。

图3-29 完成并保存

课后练习:照片美容艺术化处理

3.4 照片图像合成制作

实训目标：
通过课程学习使学生了解图像合成设计的过程。

实训时间：
4课时。

实训要求：
掌握创建选区、套索抠图、调整图层等工具的使用。

知识延伸：
参考查阅https://www.adobe.com/cn
　　　　http://www.68ps.com/

3.4.1 图像合成

图像合成是在PS使用过程中经常应用的一种类型，图像合成时要注意画面中各图像元素的造型、亮度、色彩、光线、元素质感、画面质感、景深、畸变、动感等多方面是否匹配。才能合成出一张完美的图像。

3.4.2 套索工具

套索工具有自由套索、多边形套索和磁性套索3种。套索工具对于绘制选区边框的手绘线段十分有用。在工具箱上选择套索工具，然后可在选项栏中设置羽化和消除锯齿。可以模糊选区与周围的像素之间的过渡效果。使图像合成时边缘不至于太生硬。多边形套索工具对于绘制选区边框的直边线段十分有用。选择多边形套索工具，若要绘制直线段，将指针放到要第一条直线段结束的位置，然后单击。要绘制一条角度为45度的倍数的直线，在移动时按住"Shift"键单击下一个线段。要形成闭合选区，可将多边形套索工具的指针放在起点上（指针旁边会出现一个闭合的圆），同时单击，或者双击多边形套索工具指针，或者按住"Ctrl"键同时单击。使用磁性套索工具时，边界会对齐图像中定义区域的边缘。磁性套索工具不可用于 32 位/ 通道的图像。磁性套索工具特别适用于快速选择与背景对比强烈且边缘复杂的对象。

3.4.3 图层渐变映射功能

"图层渐变映射"可以将相等的图像灰度范围映射到指定的渐变填充色，比如指定双色渐变填充，在图像中的阴影映射到渐变填充的一个端点颜色，高光映射到另一个端点颜色，而中间调映射到两个端点颜色之间的渐变。点击菜单栏"图层">"新建调整图层">"渐变映射"命令，即会弹出"渐变映射"对话框（图3-30）。点击对话框中的渐变条，既可弹出可编辑渐变对话框。（图3-31）

图3-30 渐变映射

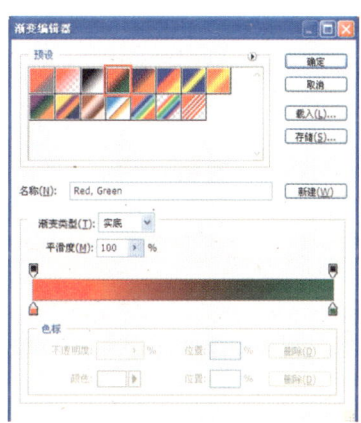

图3-31 渐变对话框

渐变对话框上部为渐变映射的预设，用鼠标单击渐变方块，可应用该渐变映射，还可以通过预设右上方的小三角和载入、存储按钮来读取和保存自定义的预设。渐变对话框下部有一条长不透明度色标，用于设定渐变的不透明度，当不透明度为100％时，该不透明度色标下的颜色为实色；当不透明度为0％时，该不透明度色标下的颜色为透明色。不透明度色标可以左右滑动来设定不透明度的渐变点，也可以在两个不透明度色标之间单击，可添加新的标点。

实训项目：图像合成设计（效果如图3-32）

图3-32 图像合成设计效果

图像合成任务一：

1.打开素材文件001.JPG

2.在工具箱上选取"多边形套索"工具，设置羽化值为1px。（图3-33）

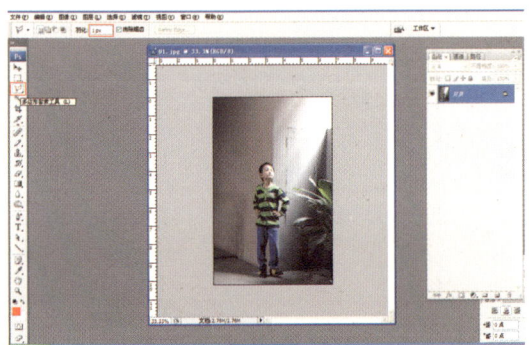

图3-33 打开多边形套索工具

3.在图层面板上双击背景图层。弹出新建图层对话框，改图层名为"图层0"，点击确定。（图3-34）

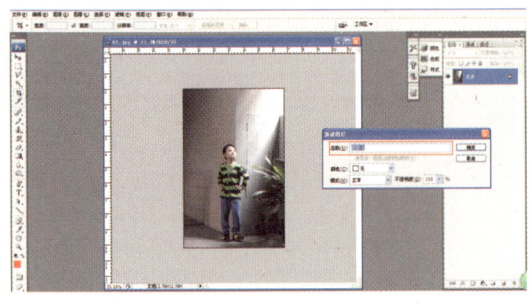

图3-34 更改图层名

4.用套索工具仔细逐步选区背景区域并按键盘上"Delete"键删除背景。（图3-35）

图3-35 删除背景

5.完成背景去除后，在工具箱上选取"裁切"工具，如图裁小，另存为001a.JPG文件。（图3-36）

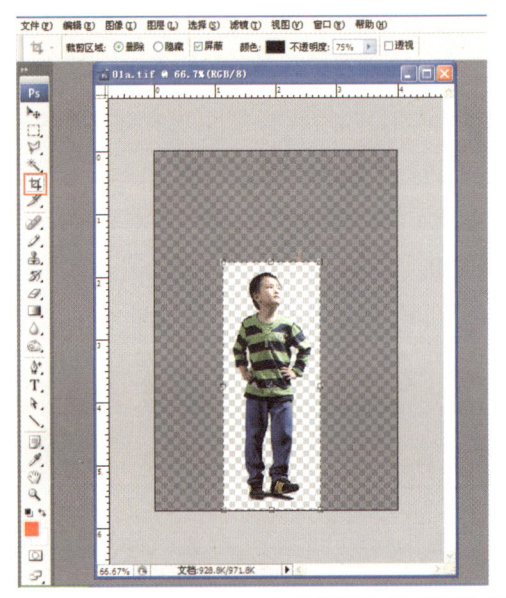

图3-36 裁小

6.打开素材002.jpg文件。在工具箱上点选"移动"工具，把01a文件上的小男孩移到002文件上，成为新建图层1。（图3-37）

图3-37 移动

7.点选图层1,拖动至图层面板下方的"创建新图层"图标,复制图层1得到图层1副本图层。(图3-38)

图3-38 复制副本图层

8.点击菜单栏"图层">"图层样式">"外发光",对图层1副本图层实施外发光效果。(图3-39)

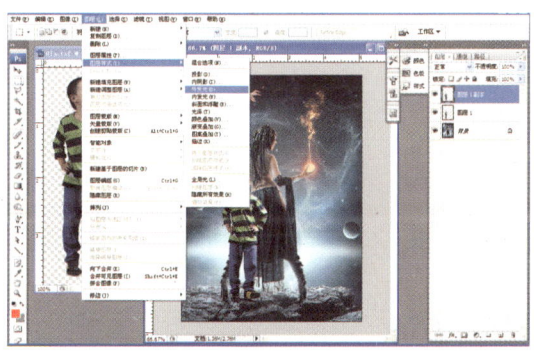

图3-39 设置外发光效果

9.设置图层1副本图层的外发光效果参数:颜色为蓝色(R:55、G:55、B:200);不透明度45%;扩展5%;大小50像素,点击确定。增加小孩图片的蓝色调氛围。(图3-40)

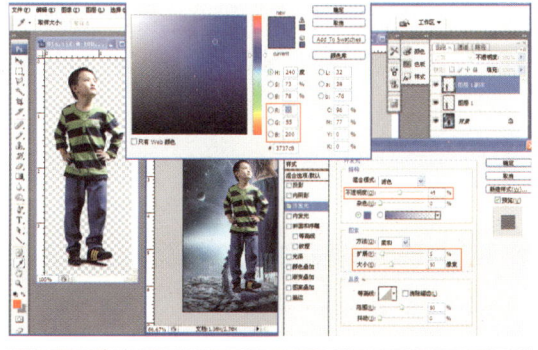

图3-40 增加色调氛围

10.点击菜单栏"图层">"新建调整图层">"渐变映射",添加一个渐变映射图层。(图3-41、图3-42)

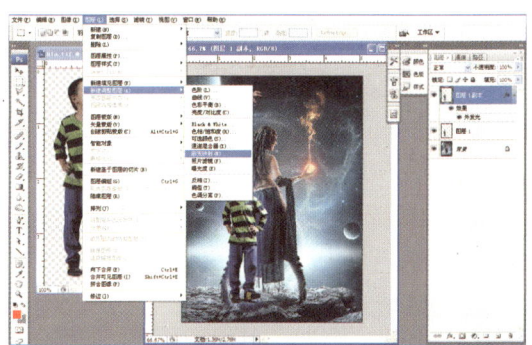

图3-41 添加渐变映射

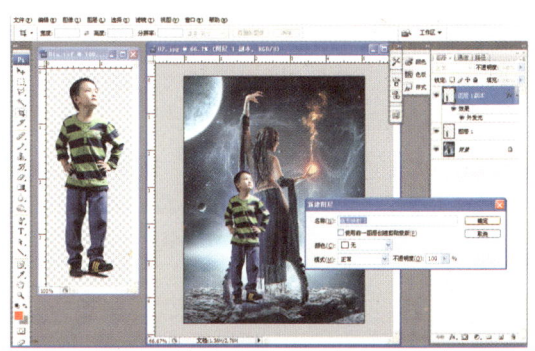

图3-42 添加渐变映射

11.在渐变映射编辑器中选取从红色到绿色渐变。(图3-43)

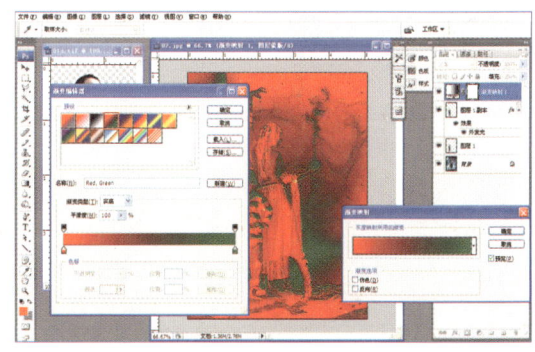

图3-43 选取从红色到绿色渐变

12.点击色条右侧绿色,在下面色框处重新设置为蓝色(R:20、G:35、B:250)。(图3-44、图3-45)

第3模块　PS数字照片图像处理　67

图3-44 更改色标的颜色

图3-47 蓝紫色调效果

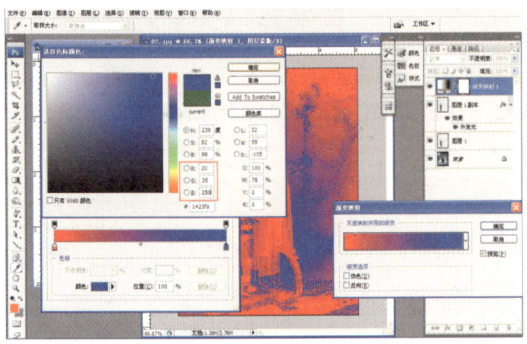

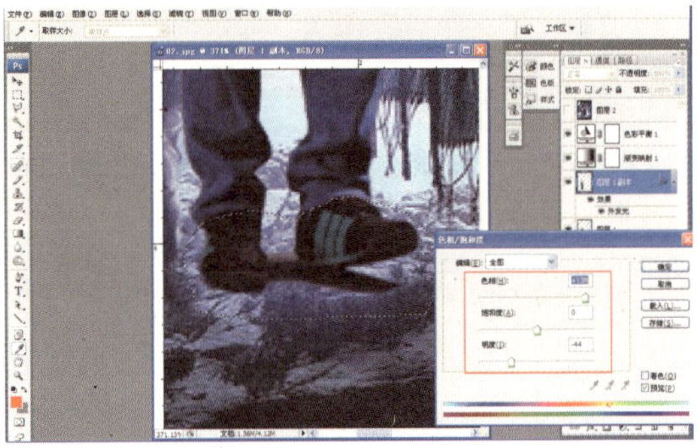

图3-45 选择色标颜色

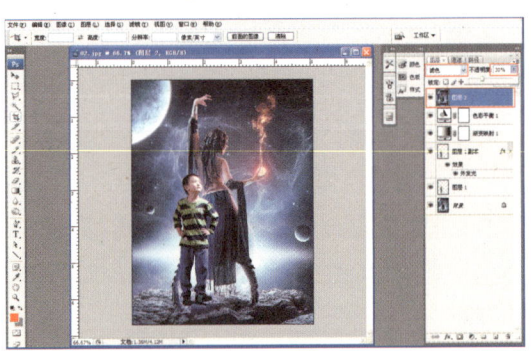

图3-48 设置鞋带为暗蓝绿色

13.得到如图3-46效果。

图3-46 效果图

14.在图层面板上设置图层模式为"叠加",不透明度为30%。完成后,图片氛围呈现出统一的蓝紫色调。(图3-47)

15.在图层1副本上,选择工具箱上"套索工具",选择鞋部位。点击菜单栏"图像">"调整">"色相/饱和度",调整黄色的鞋带为暗蓝绿色。画面色调保持一致。色相为+138,明度为-44。(图3-48)

16.同时按键盘上的"shift+ctrl+Alt+E"键,在当前所有图层保留基础上,合并并创建新图层2,设置图层2的不透明度为30%,图层模式为滤色,完成本例操作。(图3-49)

图3-49 保存完成

图像合成任务二:

1.打开素材文件003.JPG。在工具箱上选取"多边形套索"工具,设置羽化值为1px。在图层面板上双击背景图层。弹出新建图层对话框,改图层名为:"图层0",点击确定。(图3-50)

图3-50 羽化背景建"图层0"

2.用套索工具仔细逐步选区背景区域并按键盘上"Delete"键删除背景。另存为素材003a。(图3-51)

图3-51 删除背景另存

3.打开素材004.jpg文件。在工具箱上点选"移动"工具,把003a文件上的小男孩移到004文件上,成为新建图层1。并按"ctrl+T"键及"shift"键进行正比例大小缩放。(图3-52)

图3-52 移动并缩放调整

4.点击菜单栏"编辑">"变换">"水平翻转",使小男孩左右翻转。(图3-53)

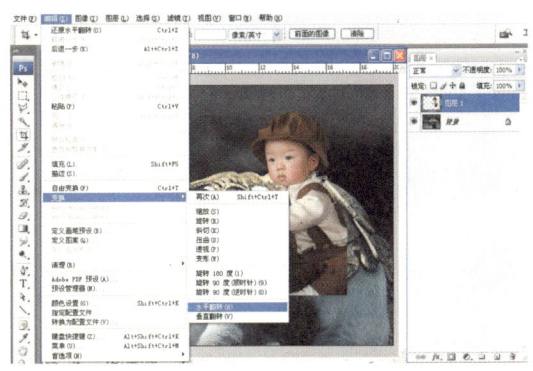

图3-53 水平翻转

5.点击图层面板下的"添加蒙版"图标,为图层1添加蒙版(图3-54)。在工具箱上设置前景色为黑色,用画笔工具在如图3-55涂抹,去除多余的衣服。

图3-54 添加蒙版

图3-55 去除多余衣服

6.新建图层2,如图3-56位置绘制黑色投影,并设置图层模式为"正片叠底",降低不透明度为87%。

图3-56 绘制黑色投影并设置图层

7.选择工具箱上"加深"工具,在如图3-57位置涂抹,加深暗部。

图3-57 加深暗部

8.点击菜单栏"滤镜">"杂色">"添加杂色",为图片增加一些噪点。(图3-58)

图3-58 增加噪点

9.按键盘上的"shift+ctrl+Alt+E"键,在当前所有图层保留基础上,合并并创建新图层3,点击菜单栏"图像">"调整">"去色"。使图片变为黑白色,并设置图层模式为"滤色"。(图3-59)

图3-59 合并图层并设置为黑白色

10.点击菜单栏"图层">"新建调整图层">"渐变映射",添加一个渐变映射图层。(图3-60)

图3-60 添加渐变映射图层

11.在渐变映射编辑器中,设置褐色到黄色再到蓝色的渐变。褐色:R:70、G:15、B:2;黄色:R:154、G:127、B:74;蓝色:R:134、G:177、B:255。并设置图层模式为"叠加"。(图3-61)

12.打开素材004文件。在工具箱上点选"移动"工具把004文件上的文字孩移到图像上,点击菜单栏"图像">"调整">"反相",把文字黑白反转,并设置图层模式为"线性减淡",完成最终效果。(图3-62)

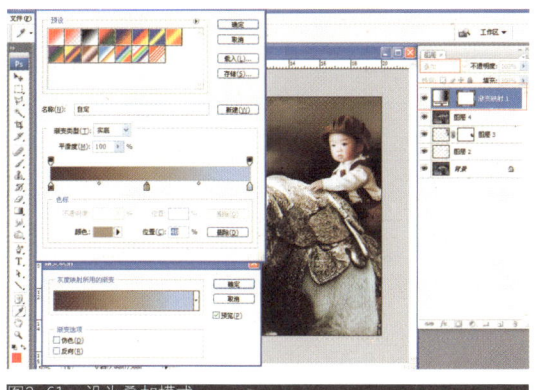

图3-61 设为叠加模式

图3-62 完成后效果

课后练习： 图像合成设计

第4模块　PS平面创意设计

4.1 "苏信"读书节标志设计

实训目标：
通过课程学习使学生了解标志设计的过程。

实训时间：
4课时。

实训要求：
掌握路径工具、形状图层工具的使用。

知识延伸：
参考查阅http://jpkc.jsit.edu.cn/ec2006/C77/default.aspx

4.1.1 标志设计

标志，是表明事物特征的记号——它以单纯、显著、易识别的物象，图形或文字符号为直观语言，除标示什么、代替什么之外，还具有表达意义、情感和指令行动等作用。它以精练的形象，艺术化的语言表达一定的涵义，并借助人们的识别、联想、想象等思维能力，传达给消费大众，以便识别和认同。标志最突出的特点是各具独特面貌，易于识别，显示事物自身特征，标示事物间不同的意义，区别与归属是标志的主要功能。标志必须特征鲜明，令人一眼即可识别，并过目不忘。

4.1.2 路径工具

在Photoshop中，路径工具主要包括钢笔工具组和路径选择工具组。

1.钢笔工具组——包含钢笔工具、自由钢笔工具、添加锚点工具、删除锚点工具、转换锚点工具。（图4-1）

图4-1 钢笔工具组

钢笔工具是用来绘制光滑而复杂路径的，它是最常用的路径工具。

自由钢笔工具用来自由手控绘制路径。

添加锚点工具用来在已有路径上添加锚点。

删除锚点工具用来在已有路径上删除锚点。

转换锚点工具用来改变锚点的类型，可将平滑点转变为拐角点、直角点，还可控制路径的形状。

钢笔工具可绘制不同类型的路径形状，在绘制路径前，应了解路径工具属性栏。（图4-2）

图4-2 工具属性栏

形状图层按钮：绘制的路径所围合区域间被填充前景色，可由路径控制形状。

路径按钮：只绘制空白的路径，绘制好后再对其进行利用。

填充像素按钮：没有路径线段，直接以前景色填充路径区域。该按钮只有在选择形状工具时才有使用。

2.路径选择工具组——包含路径选择工具和直接选择工具。（图4-3）

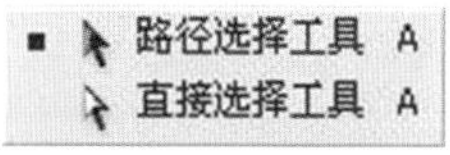

图4-3 路径选择工具组

路径选择工具是用来选择整条路径（按"Shift"键可加选多条），并对其执行移动、变换等操作。

直接选择工具是用来选择路径上的控制锚点（按"Shift"键可加选多点），并通过拖动控制锚点改变路径形状。

A组区域：

添加到路径区域按钮：绘制的两个路径相互叠加。

从路径区域减去按钮：绘制的第二个路径减去第一个路径重叠的部分。

交叉路径区域按钮：绘制的两个路径仅有重叠部分上色。

重叠路径除外按钮：绘制的两个路径重叠部分被减去。

组合按钮：将所选的多个路径合并成一个新路径。

B组区域：此组按钮用来排列对齐所选择的多个路径。它们分别是顶对齐、垂直居中对齐、底对齐、左对齐、水平居中对齐和右对齐。

C组区域：此组按钮用来分布对齐所选择的多个路径。它们分别是按顶分布、垂直居中分布、按底分布、按左分布、水平居中分布和按右分布。（图4-4）

　　A组　　　　B组　　　　C组
图4-4　三组区域的功能

技巧：使用钢笔工具时，按住"Alt"键可切换为转换锚点工具，按住"Ctrl"键可切换为直接选择工具；直接在路径上点击可增加锚点，若在已有锚点上点击可删除锚点。

4.1.3　形状图层与像素图层的转换

要自定或调整图层样式的外观，可以将图层样式转换为常规图像图层。将图层样式转换为图像图层后，可以通过绘画或应用命令和滤镜来增强效果。但是，能够不再编辑原图层上的图层样式，并且在更改原图像图层时，图层样式将不再更新。

实训项目：标志设计实例（效果如图4-5）

1.打开Photoshop点选菜单栏"文件"＞"新建"，打开"新建"对话框，设置"名称"为"苏信读书节标志设计"，宽度和高度分别设置为20CM和20CM，分辨率为300像素/英寸，颜色为CMYK模式，设置完成单击"确定"按钮，文档背景为白色。

图4-5　标志设计效果图

2.在路径控制面板中，新建"路径1"。（图4-6）

图4-6　新建路径1

3.点选工具箱"钢笔工具"，并在工具属性栏中按下路径按钮，绘制一个路径。（图4-7）

图4-7　绘制路径

4.按照步骤3，再用钢笔工具画出另一半路径。（图4-8）

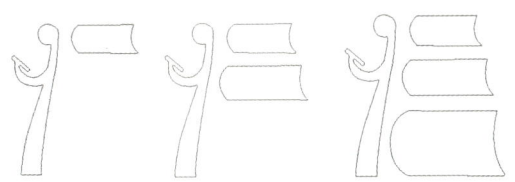

图4-8 绘制另一半路径

5.在路径控制面板中，将路径1"建立选区"。在路径控制面板中"选区建立工作路径"。选中路径1"存储路径"，如图4-9。点选菜单栏"文件"＞"导出"＞"路径到Illustrator"，如图4-10。这样可以在Ai中打开处理成矢量图片。

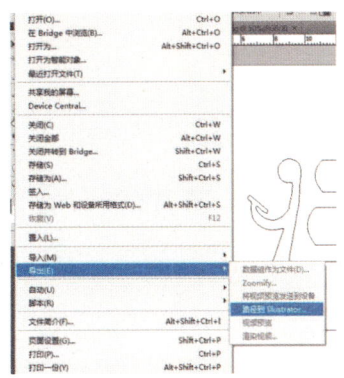

图4-10

6.点击路径控制面板下的"建立选区"。在工具箱上将前景色设置为C:0、M:72、Y:93、K:0。点选菜单栏"编辑"＞"填充"＞"前景色"，（快捷键alt+delete）。（图4-11）

图4-9

图4-11

课后练习：标志设计练习

4.2 贺卡设计

实训目标:
通过学习使学生了解掌握贺卡设计。

实训时间:
4课时。

实训要求:
掌握PS中文字工具、填充工具进行贺卡设计。

知识延伸:
参考查阅http://jpkc.jsit.edu.cn/ec2006/C77/default.aspx

4.2.1 贺卡设计

贺卡是人们在遇到喜庆的日期或事件的时候互相表示问候的一种卡片，个性贺卡是在数码印刷技术出现的基础上发展起来的。是自己设计并制作，具有明显DIY特点的贺卡。贺卡按用途有生日贺卡、节日贺卡、婚礼贺卡等。按样式有对折式、三折式、卡片式、组合式，等等。

4.2.2 文字工具

文字工具用来输入文字，如图4-12。横排文字用于输入横向的文字；直排文字用于输入纵向的文字；横排文字蒙版工具用于输入横向的文字选区；直排文字蒙版工具用于输入纵向的文字选区。另外各个文字行之间的垂直间距称为行距。对于罗马文字，行距是从一行文字的基线到它的上一行文字的基线的距离。基线是一条看不见的直线，大部分文字都位于这条线的上面。可以在同一段落中应用一个以上的行距量，但是，文字行中的最大行距值决定该行的行距值。

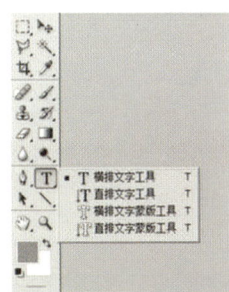

图4-12 文字工具

4.2.3 路径文字

可以输入沿着用钢笔或形状工具创建的工作路径的边缘排列的文字。当沿着路径输入文字时，文字将沿着锚点被添加到路径的方向排列。在路径上输入横排文字会导致字母与基线垂直。在路径上输入直排文字会导致文字方向与基线平行。也可以在闭合路径内输入文字。不过，在这种情况下，文字始终横向排列，每到文字到达闭合路径的边界时，就会发生换行。当移动路径或更改其形状时，相关的文字将会适应新的路径位置或形状。

实训项目：新年贺卡设计（效果如图4-13）

图4-13 贺卡效果图

1.打开Photoshop点选菜单栏"新建"名称为贺卡，页面大小设置为15cm*10cm，分辨率为300dpi，颜色模式设置为CMYK。

2.点选菜单栏"编辑">"填充">"前景色"（快捷键alt+delete），前景色CMYK为2：92：79：0，新建图层1点选工具箱"椭圆选框工具"按住shift键进行等比缩放，填充为白色，并将图层1的圆心放在宽度15cm高度为5cm的位置。（图4-14）

图4-14 前景色设置

3.将素材文件夹中的素材001在Photoshop中打开，点选工具箱"移动工具"，将素材001移到文件"贺卡上"，为图层3。（图4-15）

图4-15 移素材

4.点选工具箱"横排文字工具"打上"Happy New Year"，用文字编辑工具进行调整字体、字号、字的颜色，再用工具栏中的"竖排文字工具"打上新年快乐，并修改字体、字号、字的颜色。（图4-16）

图4-16 运用文字工具

5.贺卡的反面点选菜单栏"编辑" > "填充" > "前景色"（快捷键alt+delete），前景色CMYK为3：3：4：0，新建图层4，点选工具栏"椭圆选框工具"按住shift键进行等比缩放，填充为白色，并将图层1的圆心放在宽度15cm高度为5cm的位置。（图4-17）

6.将素材文件夹中的素材002在Photoshop中打开，点选工具栏"移动工具"，将素材002移到文件"贺卡上"，为图层5，新建图层6，填充为25：29：32：0，在图层控制面板中将图层混合模式改为"正片叠底"。（图4-18）

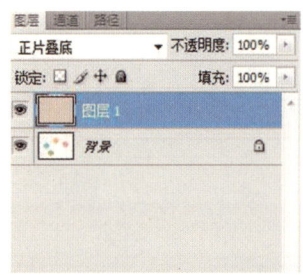

图4-17 填充前景色

图4-18 移动素材并设置图层模式

7.点选工具栏"横排文字工具"打上"Happy New Year"，用文字编辑工具进行调整字体、字号、字的颜色，再用工具栏中的"竖排文字工具"打上新年快乐，并修改字体、字号、字的颜色，最终正反面效果。（图4-19）

图4-19 最终效果

课后练习：各种贺卡设计

4.3 "锡游记"插图上色

实训目标：
通过学习使学生了解掌握插画上色处理的方法。

实训时间：
4课时。

实训要求：
掌握PS中取色工具、填充工具、画笔工具，进行插画上色。

知识延伸：
参考查阅http://jpkc.jsit.edu.cn/ec2006/C77/default.aspx

4.3.1 插画设计

插画在中国被人们俗称为插图。今天通行于国外市场的商业插画包括出版物插图、卡通吉祥物、影视与游戏美术设计和广告插画4种形式。实际在中国，插画已经遍布于平面和电子媒体、商业场馆、公众机构、商品包装、影视演艺海报、企业广告，甚至T恤、日记本、贺年片。

4.3.2 画笔工具

画笔工具有画笔和铅笔两种绘制工具，是PS中最常用的着色工具。绘制直线时，按住键盘上shift键可绘制水平、垂直线或45度线。画笔工具的调节有两个方面。（图4-20）

图4-20 画笔工具

1．通过调节画笔的不透明度和流量控制。来绘制透明的颜色，或一层层的颜色加深。（图4-21）

图4-21 画笔调节

2．通过调节画笔笔刷的大小类型来绘制出粗细形状不同的笔触效果，也可以自定义笔刷的形状来进行绘制。（图4-22）

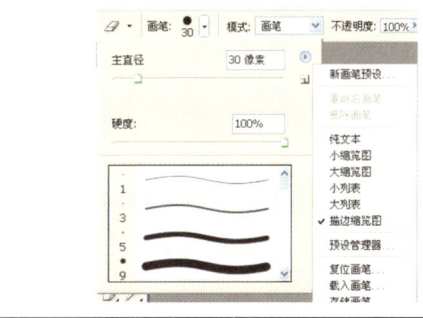
图4-22 画笔调节

4.3.3 取色工具

取色工具可以提取其他画面上比较好用的颜色，用工具栏中的吸管工具在画面中点取即可。（图4-23）

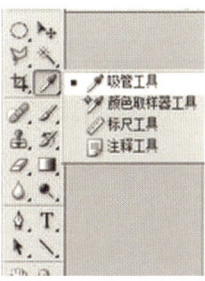
图4-23 取色工具

实训项目："锡游记"插画上色（效果如图4-24）

图4-24 插画上色效果图

1.打开素材文件夹中的"灵山胜境",复制图层为图层1,在"图层控制面板"中将图层1的图层混合模式设置为"线性加深",然后选择图层1"右击""向下合并",将图层1和背景图层合并为一个图层。(图4-25)

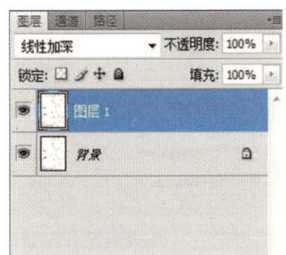

图4-25 合并图层

2.新建图层1,点选工具栏"画笔工具",将工具栏中的"前景色"CMYK设置为2：58：50：0,在工具栏属性栏中,将画笔主直径变为带羽化效果的,主直径设置为90px。再将不透明度改为30%,然后再选择图层2,在画面小孩的脸部点上腮红。(图4-26、图4-27)

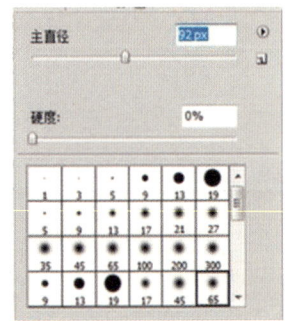

图4-26 设置前景色和画笔主直径

图4-27 小孩脸部腮红设置

3.选择背景图层中的云的某个部分,点选工具栏"画笔"工具栏属性中"画笔工具"设置透明度为50%,流量为60%,将工具栏中的前景色的CMYK设置为16：15：17：0,新建图层2,用画笔工具画,有的地方深有的地方浅一些。(图4-28)

图4-28 设置"云"

4.点选工具栏中"魔棒工具",选中背景,点选菜单栏"编辑">"填充">"前景色"(快捷键alt+delete),前景色CMYK为19:30:66:0。(图4-29、图4-30)

图4-29 设置前景色

图4-30 设置前景色

5.按照同样的方法将画面的其他地方进行填充,完成全图。

课后练习: 插画上色

4.4 马年挂历设计

实训目标：
通过学习使学生了解掌握挂历设计的方法。

实训时间：
4课时。

实训要求：
掌握PS中描边工具、填充工具、画笔工具、肌理效果处理进行挂历设计。

知识延伸：
参考查阅http://jpkc.jsit.edu.cn/ec2006/C77/default.aspx

4.4.1 挂历设计

本例的挂历设计以"马"字篆体为素材进行设计处理、篆体，汉字古代书体之一，也叫篆书。是对古文字的统称。由单一的笔画组成。具有线条流畅、结构精美的特点。

4.4.2 填充工具

填充工具是指以前景色、背景色或图案填充选区范围内的图像。点选菜单栏"编辑">"填充">"前景色"（快捷键alt+delete）。

4.4.3 肌理效果

肌理是指物体表面的组织纹理结构，即各种纵横交错、高低不平、粗糙平滑的纹理变化，是表达人对设计物表面纹理特征的感受。

实训项目：马年挂历设计（效果如图4-31）

图4-31 马年挂历设计效果图

1.打开素材文件夹中的素材001，点选工具栏"魔棒工具"选中黑色，在工具栏中将"前景色"的CMYK设置为0：91：81：0，新建图层1，点选菜单栏"选择">"修改">"扩展"，将扩展量设置为90像素，在图层1上填充路径。（图4-32）

图4-32 设置前景色并填充路径

2.将背景图层复制，为图层背景副本，将图层1放置图层背景副本下面。（图4-33）

图4-33 复制背景图层

3.在图层控制面板中选中图层"背景副本"，点选工具栏"魔棒工具"选中黑色，新建图层2，点选菜单栏"编辑">"描边"，描边宽度为10px，在图层2上描白色。（图4-34）

图4-34 描边

4.打开素材文件夹中"图片肌理",将肌理图层放在图层1上面。(图4-35)

图4-35 图片肌理处理

5.将素材文件夹中图片素材1打开,将日历进行背景色填充,字填充为白色。(图4-36)

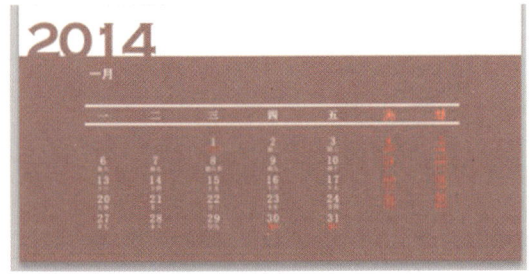

图4-36 填充颜色

6.新建图层3,点选工具栏"椭圆矩形选框"按住shift键在图层3上画圆,点选菜单栏"编辑">"填充">"前景色"(快捷键alt+delete),填充前景色CMYK为51:63:61:3,并将图层3再复制两个为图层3副本、图层3副本2,将图层3副本2用工具栏中"魔棒选中",填充为白色,在工具栏中点选"横排文字工具",打上"到成功"三个字,如图4-37。其他剩余的11张也用同样的方法进行处理。

图4-37 填充颜色添加文字

课后练习:挂历设计

第5模块　PS综合运用

5.1 "长江门窗"宣传折页设计

实训目标:
了解宣传折页的基本形式和软件操作方法。

实训时间:
4课时。

实训要求:
了解宣传折页的基本形式。掌握辅助线的设置、移动,矩形选框工具的使用方法,羽化处理图片和高斯模糊处理技术的一系列工具的使用。

知识延伸:
参考查阅http://jpkc.jsit.edu.cn/ec2006/C77/default.aspx

5.1.1 宣传折页设计

在本例中,我们使用主要的羽化和高斯模糊将图片进行模糊处理并结合矩形选框、移动工具、填充工具进行设计。其中包含的知识点有填充、辅助线及出血线的设置、文字输入工具、选择移动工具、复制工具;图形变形工具、羽化处理、高斯模糊等工具相结合将PS进行综合运用。

5.1.2 过滤器

滤镜在PS中不仅可以改善图像效果,掩盖缺陷,还能产生许多特殊的、意想不到的效果。PS中的滤镜有两类,一类为内置滤镜,一类为外挂滤镜,需要安装插件。

PS中的滤镜工作方式一部分是通过分析图像或所选定部分的每一个像素,用数学算法将其转换,生成随机或预先确定的形状,而另一部分是首先对单个色素来取样,确定显示最大颜色与亮度差异的区域,并改变色值产生图像的转变。

滤镜的使用方法是首先打开或激活需要更改的图像,如果只需更改图像的一部分,则用选择工具选定这部分区域,否则滤镜会作用于整个图像。在滤镜菜单上选择滤镜组,在显示的子菜单上选择所需滤镜,有些滤镜选定后立即执行,有些则需要用户设置选项参数来控制滤镜效果。

需要注意的是:

1. 在一个图层上工作时,滤镜只能作用于有色区域而不能应用于透明区域。

2. 虑镜不能应用于Bitmap或Indexed Color模式,如果用户需要使用,必须先把他们转换为RGB或CMYK模式。

3. 为方便虑镜的使用,PS将最后一个运行的虑镜从子菜单复制到虑镜菜单的顶端位置,再次应用时,只需要单击菜单第一项或快捷键ctrl+F。如果需要对虑镜进行设置可使用快捷键ctrl+alt+F。

5.1.3 出血线的设置

出血线外面的区域就是要被裁掉的地方。印刷厂印制成品的时候,由于精度的问题,不可能每一张纸图案位置都印得分毫不差。如果不留出血线,几百张纸一起裁切的时候,对准最上面纸张图案的边裁下去,下面其他的纸上的图案边有可能没有裁到而留下白边。所以,出血线的作用就是多留出这些位置去裁掉。如果要印刷A4尺寸(210mm×285mm)的图。那么就要把四周都留出3mm的位置。也就是说要设置210mm+3mm+3mm(左右)和285mm+3mm+3mm(上下)的尺寸,实际大小为216mm×291mm。但是要注意多留出的位置是要被裁切掉的。所以画面上需要显示的图案是不能做到外面区域里的。外面区域只能是画面背景的延伸,裁掉后不会影响画面。

实训项目:长江门窗四折页设计制作(效果如图5-1)

1.打开Photoshop点选菜单栏"新建",新建文件。页面大小设置为84.6cm×28.6cm,分辨率为300dpi,颜色模式设置为CMYK。

2.点选菜单栏"视图">"标尺(快捷键ctrl+R)",拉出四条0.3mm的出血线(出血线主要是让印刷画面超出那条线,然后在裁的时候就算有一点点的偏差也不会让印出来的东西做废)。(图5-2)

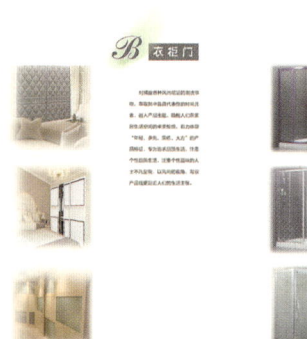

图5-1 折页效果图

图5-2 拉出血线

3.并将四个面的宽度用辅助线设置好，分别是21.3cm、42.3cm、63.3cm。（图5-3）

图5-3 设置宽度

4.在控制面板中新建图层为图层1，点选工具栏"矩形选框"工具，在页面上画上一个小矩形。点选菜单栏"编辑"＞"填充"＞"前景色"（快捷键alt+delete），前景色灰色RGB为154:154:154。（图5-4）

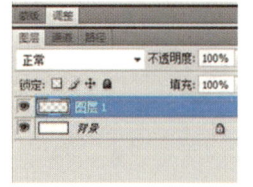

图5-4 填充前景色

5.复制图层1（快捷键ctrl+J），点选菜单栏"自由变换（快捷键ctrl+T）"，将图层进行变换，点选工具栏"移动工具"移到页面中间。（图5-5）

图5-5 变换图层

6.打开素材文件夹中"隔断门1"，点选工具箱"矩形选框"将羽化值调成30px。（图5-6）

图5-6 调羽化值

7.点选工具箱"矩形选框"在图片上用矩形选框选中位置，然后点选工具箱中"移动工具"将图片移到"正面"文件的页面上。（图5-7）

图5-7 移动图片

8.按照上面图片羽化、移动的方法分别将图片隔断门1、2、3,图片衣柜门1、2、3,图片淋浴房1、2、3放入页面中。(图5-8)

图5-8 放置图片

9.打开素材文件,点选菜单栏"滤镜">"模糊">"高斯模糊",将高斯模糊的半径值设为5像素。(图5-9)

图5-9 高斯模糊设置

10.点选工具箱"横排文字工具"拉出一个矩形框,将4.1素材文件夹中文字说明里的隔断门的文字复制过来。(图5-10)

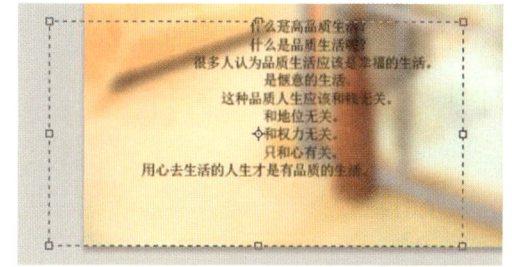

图5-10 复制文字

11.点选状态栏"文字编辑工具"将文字进行字体、字号、颜色大小进行改变。(图5-11)

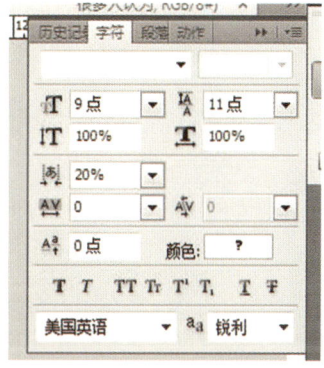

图5-11 编辑文字

12.用同样的"文字编辑工具"将素材文件夹中的文字放进去。(图5-12)

图5-12 编辑文字

13.新建图层,点选工具栏"椭圆选框工具"按住shift键画一个圆,点选菜单栏"编辑">"填充">"前景色"(快捷键alt+delete),前景色RGB为210:207:154,点选菜单栏"滤镜">"模糊">"径向模糊"。(图5-13)

第5模块 PS综合运用 93

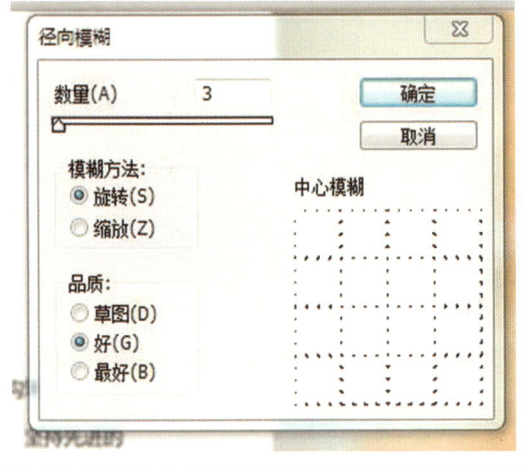

15.新建图层,点选工具箱"矩形选框"工具,拉出矩形,填充为灰色,并用文字编辑工具打上白色的字(图5-14)。最后效果。(图5-15)

图5-13 填充前景色　　　　　　　　　图5-14 文字编辑

图5-15 最终效果

课后练习:折页设计制作

5.2 "新疆红枣"包装设计效果表现

实训目标:
了解运用PS操作包装设计。

实训时间:
4课时。

实训要求:
掌握钢笔工具、蒙版、渐变工具的使用。

知识延伸:
参考查阅http://jpkc.jsit.edu.cn/ec2006/C77/default.aspx

5.2.1 包装设计

包装是品牌理念、产品特性、消费心理的综合反映，它直接影响到消费者的购买欲。考虑包装设计的外形要素时，还必须从形式美法则的角度去认识它。按照包装设计的形式美法则结合产品自身功能的特点，将各种因素有机、自然地结合起来，以求得完美统一的设计形象。在练习的过程中主要使用钢笔工具，

5.2.2 钢笔路径工具

在本例中，我们需要准确运用钢笔工具，钢笔工具是在PS的运用中必不可少的一个工具，钢笔工具是在路径中使用的，路径指使用贝塞尔曲线所构成的一段闭合曲线或开放的曲线段，它主要用于绘制光滑线条、图像。路径主要由锚点、方向点、方向线、平滑点、角点等元素组成，锚点标记路径段的端点，通过编辑路径的锚点，可以修改路径形状。在钢笔工具的使用上：（1）通过添加锚点工具可以增强对路径的控制，还可扩展开放路径。(2)选择转换点工具,将指针放在需要更改的点上，可在平滑和角点之间转化。（3）如果将平滑曲线变为有尖角的曲线，选择方向线的其中一个点拖动。（4）要将直的路径线转化为平滑的曲线，适应转换点工具，选择锚点并拖出方向线。

实训项目："新疆红枣"包装设计（效果如图5-16）

1.打开Photoshop点选菜单栏"新建"文件，或按快捷键（Ctrl+N），新建文件。页面大小设置为16.76cm×28.19cm，分辨率为300dpi，颜色模式设置为RGB颜色。（图5-17）

图5-16 包装设计效果图

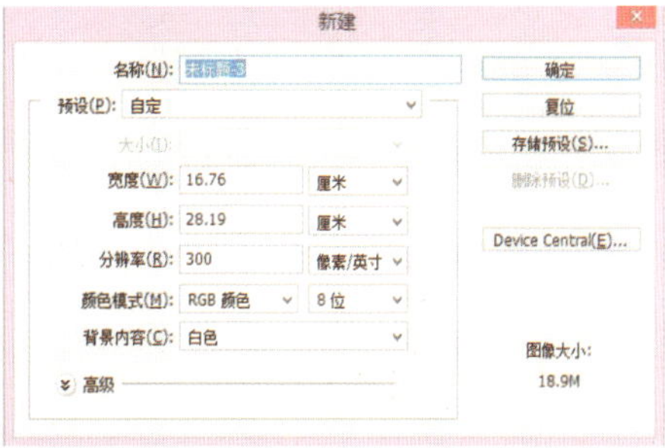

图5-17 新建文件并设置

2.新建图层1，在工具箱上选择"钢笔工具"，在版面上画出小人的图形。如图5-18。在工作路径中进行操作。改变线条的方向按Alt键，如图5-19。将路径作为选区载入，进行描边，一号黑色线条。最后小人线条图。（图5-20）

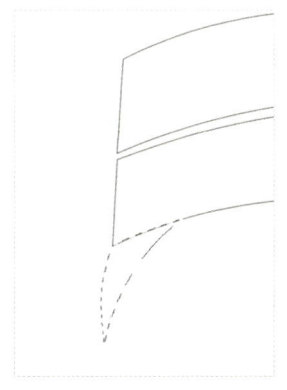

图5-18 钢笔工具绘画

第5模块 PS综合运用

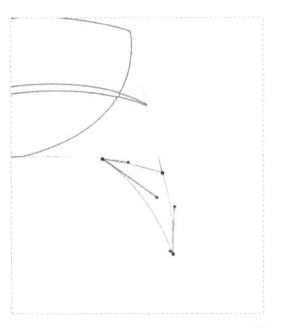

图5-19 改变线条方向

图5-20 小人线条图

3.新建图层2，绘画建筑线条。（图5-21）

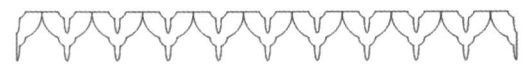

图5-21 绘画建筑线条

4.复制图层2为图层2副本，将图层2放在版面上方，图层2副本在下方，图层选中在图层2副本按住"Ctrl"同时按键盘上的左右箭头调整位置。（图5-22）

图5-22 复制图层

5.新建图层3，选择矩形选框工具拉出矩形框，点击菜单栏"编辑"＞"描边"。设置线宽为1号黑色、居中。调整位置。（图5-23）

图5-23 调整位置

6.新建图层4，选择圆形选择工具，同时按住"Shift"键，点击菜单栏"编辑"＞"描边"。设置线宽为1号黑色、居中。按住"Ctrl"同时按键盘上的左右箭头调整位置。（图5-24）

图5-24 新建图层并编辑

7.填充颜色。新建图层5，将图层5拖至图层1下方，选择图层5，选择颜色填充，设置RGB值为R:159；G:193；B:81的绿色，填充前景色，快捷键"Shift+F5"。点击图层2和图层2

副本（按Shift可以同时选择多个图层），填充颜色，RGB值为R:0 G:138 B:58。将图层3拖至图层2下面，魔棒工具选择矩形框，填充颜色，R:97；G:158；B:55。选择图层4，填充白色。（图5-25）

图5-25 填颜色

8.人形颜色填充。选中图层1，魔棒工具选中帽子的不同部位，建立图层6，颜色红，R:158 ; G:29; B:33，建立图层7，颜色红，R:111 ; G:19; B:20，建立图层8中间填充黑色，建立图层9填充脸部颜色，R:247；G:225；B:204，建立图层10，填充眉毛黑色、眼睛黑色、嘴巴R:245；G:91；B:35。（图5-26）

图5-26 人形颜色填充

9.在工具箱上选择矩形选框工具，选择红枣素材图片的一部分，如图5-27。按"ctrl+c"键复制，回到包装文件，选中图层1，用魔棒工具选中图形下部分，新建图层11，复制图层11命名为图层11副本，按"Ctrl+T"键，用自由变换工具调节大小。填充前背景色白色，将图层11移至最上方。按快捷键"Ctrl+Shift+Alt+V"，填入图片，建立蒙版。按"Ctrl+T"键，用自由变换工具调节大小，点击Enter键确定。（图5-28）

图5-27 选择图片的一部分

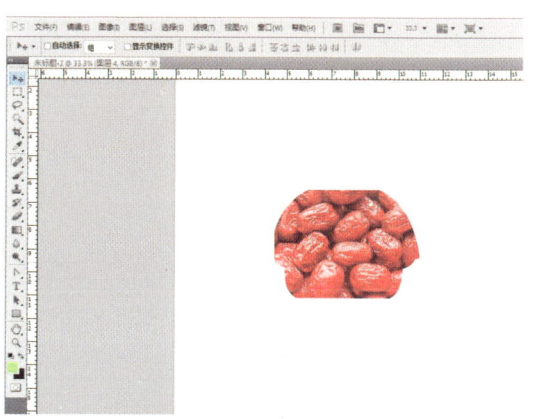

图5-28 调节大小

10.输入文字，输入"若羌红枣"，并通过文字工具进行竖排和横排转换。红色字体颜色R:255；G:0；B:0。

11.新建图层12，渐变填充黑色到白色透明，需预设渐变图形。绘制如图5-29处暗部阴影。将图层12移至图层4下方，最后效果如图5-30。

第5模块 PS综合运用　　99

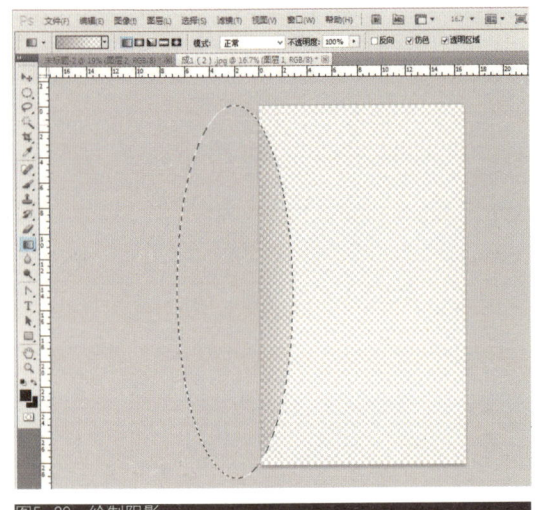

图5-29 绘制阴影

图5-30 效果图

案例设计制作：孙鑫彤

课后练习：包装设计

5.3 产品效果表现

实训目标：
通过学习使学生掌握插画上色技术。

实训时间：
4课时。

实训要求：
掌握PS中路径工具、着色工具进行产品效果图表现。

知识延伸：
参考查阅http://www.shuudesign.com/

5.3.1 产品效果图

效果图解是通过图片等传媒来表达作品所需以及预期的达到的效果，从现代来讲是通过计算机软件技术来模拟真实环境的高仿真虚拟图片。设计效果图是表达设计构思与创意的表现工具,是设计师不可缺少的基本功。

5.3.2 置将路径转换为选区边界

路径提供平滑的轮廓，可以将它们转换为精确的选区边框。也可以使用直接选择工具进行微调，将选区边框转换为路径。任何闭合路径都可以定义为选区边框。可以从当前的选区中添加或减去闭合路径，也可以将闭合路径与当前的选区结合。其操作步骤如下：首先，在"路径"面板中选择路径。然后单击"路径"面板底部的"将路径作为选区载入"按钮。或者按住Ctrl键，并单击"路径"面板中的路径缩览图即可把路径转换为选区。

实训项目：汽车产品效果表现（效果如图5-31）

图5-31　产品效果图

1. 将手绘线稿输入电脑，并处理干净，以备使用。打开手绘图稿01，点击菜单栏"图像">"调整">"色阶"（快捷健"ctrl+L"）。选择红圈标出的工具，点击图稿颜色较亮的部分。局部用橡皮擦干净。（图5-32）

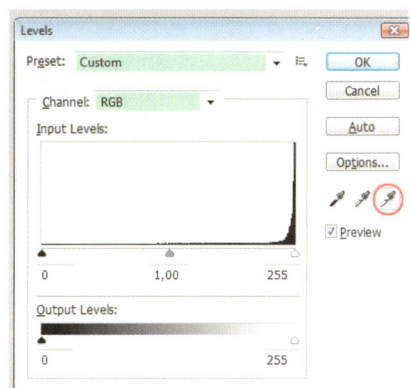

图5-32　输入手绘稿并处理

2. 用笔刷工具以中灰色在线稿上打底，边缘部分可稍超出车体范围。将工具栏前景色调整为灰色。

数值调整，如图5-33。点击笔刷工具，调整粗细大致。（图5-34）

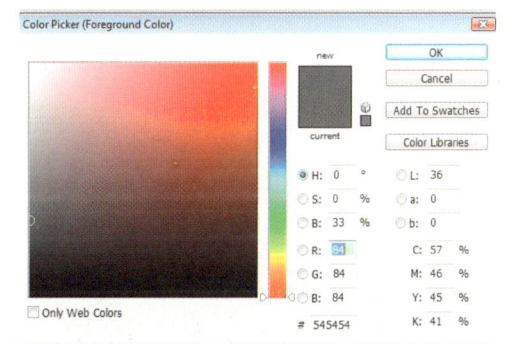

图5-33　调数值

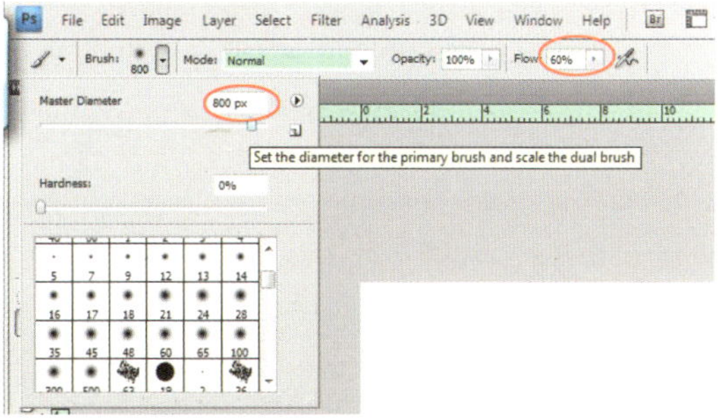

图5-34　调粗细

3. 在新建涂层上反复画水平线覆盖底稿，选择笔刷工具，用黑色在线稿底部画出投影，需注意两侧不要超出车头尾部分。效果如图5-35。

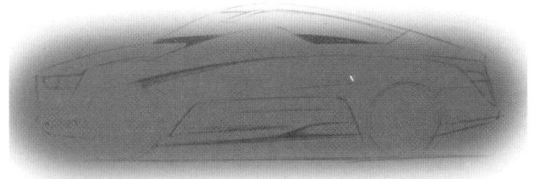

图5-35　画投影

4. 使用路径工具画出车轮细节，注意光源的方向，以及车轮轴心需灭于一点。效果如图5-36。

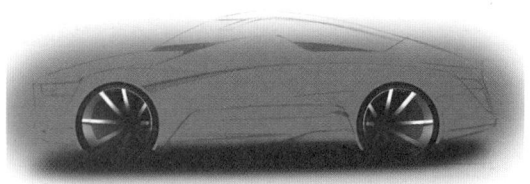

图5-36　画车轮细节

5. 使用路径，笔刷，橡皮等工具在车身主体部分渲染，以重色对车腹部的细节稍加刻画，并用黑色画出车窗的反映部分。效果如图5-37。

图5-37　渲染车身

6. 在车身主体部分简单区分出大的明暗关系以强调曲面变化，稍加刻画肩部的主线。效果如图5-38。

图5-38　强调明暗关系

7. 加重亮部的处理，逐步明确车身各个主要曲面的关系。效果如图5-39。

图5-39　加重亮部处理

8. 逐渐增加细节，并用白色描绘翼子板的亮部以增加体量感。效果如图5-40。

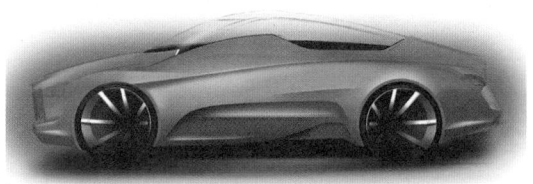

图5-40　处理细节

9. 用橡皮工具清初车身外的多余部分，加深车窗部分的明度，并继续调整细节。效果如图5-41。

图5-41　继续调细节

10. 绘制车窗上的附件，调整车身曲面关系上不十分合理的细节。效果如图5-42。

图5-42　绘车窗附件

11. 绘制车灯细节，并完成局部高光线的绘制以提神。效果如图5-43。

12. 增加标志和签名，完成整车绘制。效果如图5-44。

图5-43 绘制车灯

图5-45 添加新涂层方便修改

图5-44 完成整车绘制

以上所有步骤均需要用钢笔工具勾画不同路径，使用画笔，橡皮等工具用黑白灰色反复绘制，期间不断添加新的涂层以方便修改。（图5-45、图5-46）

案例设计制作："shuudesign"工作室_王力敏

课后练习：汽车产品效果表现

图5-46 完成图

5.4 海报设计

实训目标：
通过学习使学生掌握儿童海报的设计制作。

实训时间：
4课时。

实训要求：
掌握PS中路径工具、着色工具，进行海报设计表现。

知识延伸：
参考查阅http://jpkc.jsit.edu.cn/ec2006/C77/default.aspx

5.4.1 海报设计

海报设计是视觉传达的表现形式之一，通过版面的构成在第一时间内将人们的目光吸引，并获得瞬间的刺激，这要求设计者要将图片、文字、色彩、空间等要素进行完美的结合，以恰当的形式向人们展示、宣传信息。

5.4.2 图层样式

图层样式是应用于一个图层或图层组的一种或多种效果。可以应用Photoshop附带提供的某一种预设样式，或者使用"图层样式"对话框来创建自定样式。"图层效果"图标将出现在"图层"面板中的图层名称的右侧。可以在"图层"面板中展开样式，以便查看或编辑合成样式的效果。图层样式中有各种效果，如阴影、发光和斜面等。图层效果与图层内容链接。移动或编辑图层的内容时，修改的内容中会应用相同的效果。

5.4.3 常用的图层混合模式

正常模式:编辑或绘制每个像素，使其成为结果色。是默认模式。

溶解模式:编辑或绘制每个像素，使其成为结果色。但是，根据任何像素位置的不透明度，结果色由基色或混合色的像素随机替换。

变暗模式:查看每个通道中的颜色信息，并选择基色或混合色中较暗的颜色作为结果色。将替换比混合色亮的像素，而比混合色暗的像素保持不变。

正片叠底模式:查看每个通道中的颜色信息，并将基色与混合色进行正片叠底。结果色总是较暗的颜色。任何颜色与黑色正片叠底产生黑色。任何颜色与白色正片叠底保持不变。

颜色加深模式:查看每个通道中的颜色信息，并通过增加二者之间的对比度使基色变暗以反映出混合色。与白色混合后不产生变化。

线性加深模式:查看每个通道中的颜色信息，并通过减小亮度使基色变暗以反映混合色。与白色混合后不产生变化。

变亮模式:查看每个通道中的颜色信息，并选择基色或混合色中较亮的颜色作为结果色。比混合色暗的像素被替换，比混合色亮的像素保持不变。

滤色模式:查看每个通道的颜色信息，并将混合色的互补色与基色进行正片叠底。结果色总是较亮的颜色。用黑色过滤时颜色保持不变。用白色过滤将产生白色。此效果类似于多个摄影幻灯片在彼此之上投影。

颜色减淡模式:查看每个通道中的颜色信息，并通过减小二者之间的对比度使基色变亮以反映出混合色。与黑色混合则不发生变化。

线性减淡模式:查看每个通道中的颜色信息，并通过增加亮度使基色变亮以反映混合色。与黑色混合则不发生变化。

叠加模式:对颜色进行正片叠底或过滤，具体取决于基色。图案或颜色在现有像素上叠加，同时保留基色的明暗对比。不替换基色，但基色与混合色相混以反映原色的亮度或暗度。

柔光模式:使颜色变暗或变亮，具体取决于混合色。此效果与发散的聚光灯照在图像上相似。如果混合色（光源）比 50% 灰色亮，则图像变亮，就像被减淡了一样。如果混合色（光源）比 50% 灰色暗，则图像变暗，就像被加深了一样。使用纯黑色或纯白色上色，可以产生明显变暗或变亮的区域，但不能生成纯黑色或纯白色。

强光模式:对颜色进行正片叠底或过滤,具体取决于混合色。此效果与耀眼的聚光灯照在图像上相似。如果混合色(光源)比 50%灰色亮,则图像变亮,就像过滤后的效果。这对于向图像添加高光非常有用。如果混合色(光源)比 50% 灰色暗,则图像变暗,就像正片叠底后的效果。这对于向图像添加阴影非常有用。用纯黑色或纯白色上色会产生纯黑色或纯白色。

亮光模式:通过增加或减小对比度来加深或减淡颜色,具体取决于混合色。如果混合色(光源)比 50% 灰色亮,则通过减小对比度使图像变亮。如果混合色比 50% 灰色暗,则通过增加对比度使图像变暗。

线性光模式:通过减小或增加亮度来加深或减淡颜色,具体取决于混合色。如果混合色(光源)比 50% 灰色亮,则通过增加亮度使图像变亮。如果混合色比 50% 灰色暗,则通过减小亮度使图像变暗。

点光模式:根据混合色替换颜色。如果混合色(光源)比 50% 灰色亮,则替换比混合色暗的像素,而不改变比混合色亮的像素。如果混合色比 50% 灰色暗,则替换比混合色亮的像素,而比混合色暗的像素保持不变。这对于向图像添加特殊效果非常有用。

实色混合模式:将混合颜色的红色、绿色和蓝色通道值添加到基色的 RGB 值。如果通道的结果总和大于或等于 255,则值为 255;如果小于 255,则值为 0。因此,所有混合像素的红色、绿色和蓝色通道值要么是 0,要么是 255。此模式会将所有像素更改为主要的加色(红色、绿色或蓝色)、白色或黑色。

差值模式:查看每个通道中的颜色信息,并从基色中减去混合色,或从混合色中减去基色,具体取决于哪一个颜色的亮度值更大。与白色混合将反转基色值;与黑色混合则不产生变化。

实训项目:儿童海报设计制作(效果如图5-47)

图5-47 儿童海报效果图

1.打开素材001文件。(图5-48)

图5-48 打开素材

2.打开素材002文件,用移动工具拖动素材002到素材001文件上。(图5-49)

图5-49 移动素材

3.在素材001文件上,按快捷键"ctrl+T"进行自动变换,按"shift"键,保持正比列缩放大小至合适位置。(图5-50)

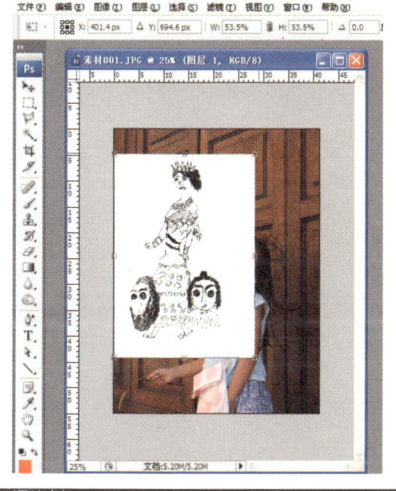

图5-50 调比例

4.点击菜单栏"图像">"调整">"反相"。使黑白色反转。(图5-51)

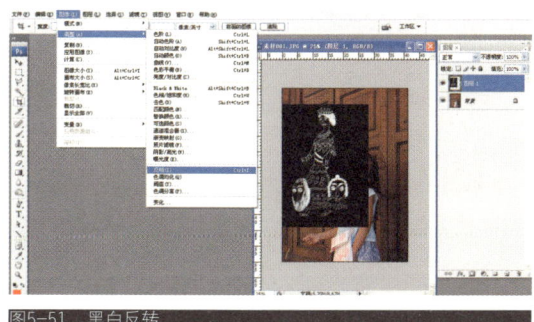

图5-51 黑白反转

5.在图层1上选择图层模式为"线性减淡"使黑色透明出底图照片。(图5-52)

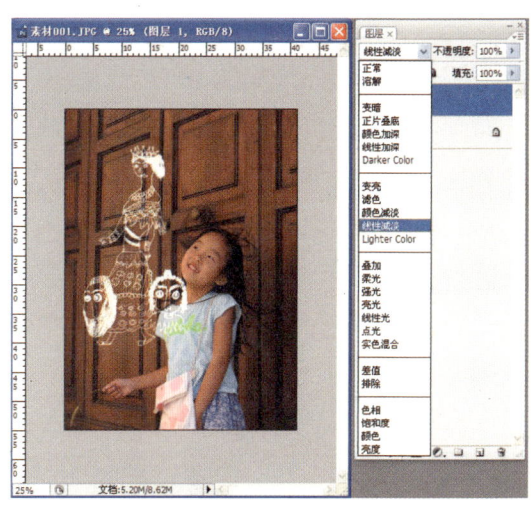

图5-52 选图层模式为"线性减淡"

6.打开素材003文件,用魔术棒工具选择其中一个黑色块,点击菜单栏"编辑">"填充"前景色。或按键盘"Alt + Backspace"填充前景色。选择其他的黑色块填充不同彩色。(图5-53、图5-54)

图5-53 填充前景色

图5-54 填充不同彩色

第5模块 PS综合运用 109

7.把填充好颜色的素材003文件,用工具箱上的移动工具拖动到素材001文件上。按快捷键"ctrl+T"进行自动变换,按"shift"键,保持正比列缩放大小至合适位置。(图5-55)

图5-55 移动素材正比例缩放

8.点击菜单栏"图层">"图层样式">"投影"。设置数值,距离5像素;扩展10%;大小:20像素;增加投影。(图5-56)

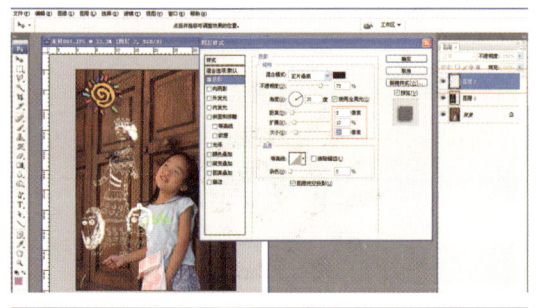

图5-56 填充颜色

9.打开素材004文件。用工具箱上魔术棒工具选择其中一个字。在工具箱上设置前景色为蓝色。点击菜单栏"编辑">"填充"前景色。或按键盘"Alt + Backspace"填充前景色。重复以上步骤,依次给字填充不同的颜色。(图5-57)

10.把填充好颜色的素材004文件,用工具箱上的移动工具拖动到素材001文件上。按快捷键"ctrl+T"进行自动变换。按"shift"键,保持正比列缩放大小至合适位置。(图5-58)

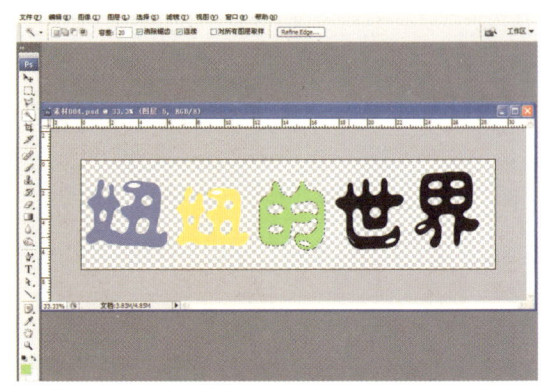

图5-57 填充颜色

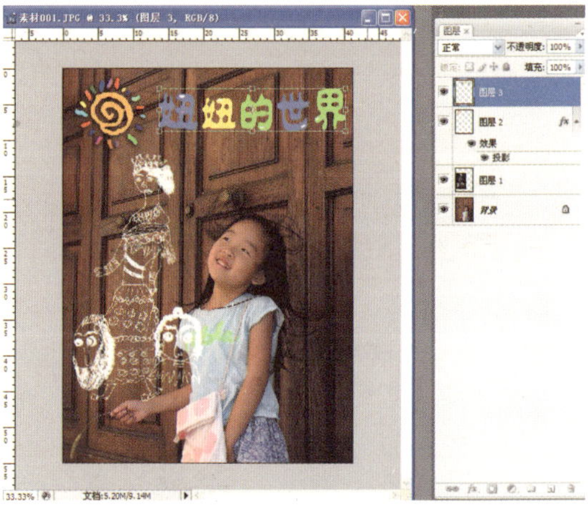

图5-58 移动素材并正比例缩放

11.在图层3上,点击菜单栏"图层">"图层样式">"投影"。设置数值"距离:5像素、扩展:20%、大小:30像素"增加投影。(图5-59)

图5-59 增加投影

12.打开素材005文件。在工具箱中选择"T"文字编辑工具,在照片上单击,输入文字,选择适合的字体。并按快捷键"ctrl+T"进行自动变换。按"shift"键,保持正比列

缩放大小至合适位置。完成最终效果。（图5-60）

图5-60 最终效果

案例设计制作：陆晓艺

课后练习：海报设计制作

参考书目

[1]景怀宇.中文版Photoshop CS5实用教程[M].北京:人民邮电出版社,2012

[2][美]Scott Kelby.Photoshop CS6数码照片专业处理技法[M].北京:人民邮电出版社,2013

[3]钟百迪,张伟.Photoshop人像摄影后期调色圣经[M].北京:电子工业出版社, 2011

[4]文杰书院.Photoshop CS5图像处理基础教程[M].北京:清华大学出版社,2012

[5]前沿文化.案例学-Photoshop商业广告设计[M].北京:科学出版社,2013

[6]李伟.Photoshop CC 特效设计经典228例[M].北京:中国青年出版社,2014

[7]李金明,李金荣.中文版Photoshop CS6完全自学教程[M].北京:人民邮电出版社,2012